U0394628

　　本书为国家社会科学基金一般项目《我国环境群体性事件合作治理模式研究》（编号：16 BZZ 044）的研究成果。

我国环境群体性事件合作治理模式研究

WOGUO HUANJING QUNTIXING SHIJIAN

HEZUO ZHILI MOSHI YANJIU

刘智勇　著

人民出版社

责任编辑:周果钧
封面设计:徐　晖

图书在版编目(CIP)数据

我国环境群体性事件合作治理模式研究/刘智勇 著. —北京:人民出版社,
　2021.12
ISBN 978－7－01－023690－2

Ⅰ.①我…　Ⅱ.①刘…　Ⅲ.①环境污染-群体性-突发事件-公共管理-
研究-中国　Ⅳ.①X507

中国版本图书馆 CIP 数据核字(2021)第 207524 号

我国环境群体性事件合作治理模式研究

WOGUO HUANJING QUNTIXING SHIJIAN HEZUO ZHILI MOSHI YANJIU

刘智勇　著

人民出版社 出版发行
(100706　北京市东城区隆福寺街 99 号)

北京建宏印刷有限公司印刷　新华书店经销

2021 年 12 月第 1 版　2021 年 12 月北京第 1 次印刷
开本:710 毫米×1000 毫米 1/16　印张:16
字数:245 千字

ISBN 978－7－01－023690－2　定价:56.00 元

邮购地址 100706　北京市东城区隆福寺街 99 号
人民东方图书销售中心　电话 (010)65250042　65289539

版权所有·侵权必究
凡购买本社图书,如有印制质量问题,我社负责调换。
服务电话:(010)65250042

前　言

　　环境群体性事件，一般是指由企事业单位生产经营活动产生的环境污染和一些特殊的工程项目的技术安全风险所引发的一种集体性、抗争性维权行为，是群体性事件的一个特殊类别。进入 2000 年以后的一段时期里，在一些地方，环境群体性事件频发，对抗性加剧，虽然近年来出现增长减缓趋势，但仍然是群体性事件中占比高、影响大的一类事件，对社会稳定造成较大影响。环境群体性事件的治理一直成为党和国家高度关注的重大问题，也是学术研究的热点问题。

　　环境群体性事件的发生，尽管具体原因多样，但从根本上看主要是由公众对环境利益和健康安全利益的诉求引发的，一般难以通过单一的经济手段来解决。环境群体性事件的成因有自然因素也有社会因素，治理的难度大，既要立足于源头治理，消除或减少发生环境群体性事件的源头性因素，又要有较强的应急处置能力。环境群体性事件的治理，往往涉及政府部门、企事业单位、社会组织、公众等多元主体的利益诉求，只有构建多元主体合作治理的模式，实现各主体互利共赢，才能有效预防和处置环境群体性事件。

　　鉴于此，本书以环境群体性事件合作治理为论题展开研究，共设置六章内容。第一章导论，为整个研究提供理论基础和逻辑思路。通过对理论基础的阐释以及研究现状的梳理评析，为研究提供理论依据和深化研究的依据；通过对环境群体性事件治理思路的研究，确立事前、事中、事后的大应急治理思路，为研究奠定立论和研究框架。第二章分析治理模式变迁，通过比较政府单一主体治理模式、多元主体协同治理模式、合作治理模式的产生背景、核心内容、基本特点，提出阐释合作治理模式对于环境群体性事件治理的必要性、可行性。第三章总结评析我国环境群体性事件治理的法制建设,在肯定法制建设成效的基础上,分析现行法律法规制定和执行中的不足。第四章以合作治理的内涵和特征为参照,侧重从治理主体角度具体指出环境群体性事件发生的原因,强调环境群体性事件发生的根本原因在于治理模式的偏差。第五章针对环境群体性事件发生的原因,提出构建合作治理模式,并对合作治理模式的特点、功能、构建的基本条件、模式的主体结构等进行解析,为建立合作治理模式提供立论依据。第六章是对合作治理模式构建条件的拓展和深化,根据合作治理模式的内涵和构建条件,进一步研究合作治理模式得以顺利运行的保障机制。这六章研究内容,构成了一个逐步递进深化的有机体系。

本研究认为,协同治理模式、合作治理模式虽然都存在多元主体参与,都有"合作"的一般特征,形式上没有什么显著的差异,但从实践理性来看,合作治理是多元主体基于共同的目标,在平等的基础上,通过对话协商,实现互利共赢的一种治理形态,而协同治理的多元主体存在"中心—边缘"结构,各主体地位有主次之分,治理手段不完全依靠对话协商,治理结果未必能实现平等的互利共赢,两种模式存在显著区别。此外,本研究还特别指出,多元主体协同治理模式、合作治理模式的产生,不是先后替代的关系,两种模式各自具有不同的适用对象和条件,不能脱离具体的治理对象孤立地评价二者的优劣。相对而言,多元主体协同治理模式更适合自然灾害、事故灾难等自然属性较强的突发事件的治理,而合作治理模式更适合由利益诉求引发的社会属性较强的环境群体性事件的治理,这是贯串本研究的核心观点,也是本研究的创新点所在。

在本书的写作中,尽管我尽力了,但是,由于研究对象本身的复杂性,以及自己的能力、学识所限,还有一些问题有待深化研究和进一步完善,这正是我今后研究的方向。

刘智勇

2021 年 12 月

目　　录

第一章　导　　论

随着我国新型工业化、城镇化发展加快推进，随着一些环境安全敏感设施的不断兴建，环境公共服务供给与人民群众对环境质量和健康权益需求的矛盾逐步突出，在一些地方，环境群体性事件呈现多发态势，成为群体性事件中比例高、影响大的一类事件，对社会和谐稳定造成严重威胁。环境群体性事件的成因复杂，治理难度大，不少环境群体性事件常常陷入治理困局。科学认识环境群体性事件的内涵和特点，深刻理解合作治理模式在环境群体性事件治理中的适用性，全面了解环境群体性事件治理的研究现状，清醒看到环境群体性事件治理所面临的新挑战，是实现环境群体性事件有效治理的基础和起点。

第一节　环境群体性事件合作治理
相关概念界定

就环境群体性事件合作治理的研究而言，涉及的核心概念有两个：一是"环境群体性事件"；二是"合作治理"。此外，环境群体性事件作为一个总称概念，包含了不同原因引发或者在不同领域发生的各种环境群体性事件，如"PX"项目事件①和"邻避冲突事

---

① PX 项目事件：PX 是英文 paraxylene 的缩写，中文学名"对二甲苯"，它是一种芳烃类化合物，广泛用于涂料、燃料、聚酯纤维等，属于低毒化合物、危险化学品。人们因担心环境和身体健康受到危害而对生产 PX 产品的项目进行抵制所引发的冲突事件称为PX 项目事件，它是邻避冲突事件的一种类型。

件"①。如果再从环境群体性事件发生的源头性因素看，还有"环境问题"和"环境事件"两个概念。学界对这些概念虽然已有不少研究，但是尚未完全达成共识，有待继续深入探讨。

一、环境群体性事件概念

环境群体性事件，作为现实中存在的一种问题和现象，出现的时间较早，但作为概念正式使用却比较晚。2004 年 11 月，中共中央办公厅、国务院办公厅印发的《关于积极预防和妥善处理群体性突发事件的工作意见》，使用了"群体性突发事件"（一般简称"群体性事件"）一词，这是"群体性事件"一词首次出现在官方文件中。"环境群体性事件"何时成为官方概念，未查到相关文件，理论上看应该在"群体性事件"概念出现之后，即在 2004 年中共中央办公厅、国务院办公厅发文后。据中国知识资源总库（CNKI）查得，"环境群体性事件"一词出现于学术文章是在 2007 年，《广东行政学院学报》2007 年第 2 期发表的《环境群体性事件的特点、原因及其法律对策》，是最早研究环境群体性事件的文章。

（一）环境群体性事件及相关概念分析

环境群体性事件，是本研究中的一个核心概念，正确理解其内涵和外延，是研究环境群体性事件合作治理的基础和前提。

1. 环境群体性事件概念分析

环境群体性事件是群体性事件的一个特殊类别，简言之，是在环境领域或因环境问题所发生的一类群体性事件。界定环境群体性事件，需要先理解群体性事件概念，学界对群体性事件概念的界定，因

---

① 邻避冲突事件："邻避"是从国外传入中国的一个概念，其英文为"Not In My Back Yard"，即指"不要在我家后院"建设有环境负面影响的设施，如垃圾场、核电厂、"PX"项目等。人们因担心这些项目对身体健康、环境质量和资产价值等带来负面影响而采取抵制行动所引发的冲突事件称为邻避冲突事件。邻避冲突事件是环境群体性事件的一种，又称为邻避类（型）环境群体性事件。

角度和方法不同，表述上不尽一致，中国行政管理学会课题组的界定具有权威性和代表性，认为群体性事件是"由人民内部矛盾和纠纷所引起的部分公众参与的对社会秩序和社会基本价值产生严重威胁的事件"①。

环境群体性事件本身也是一个泛称或总称概念，因发生的原因多样，又有许多不同的称谓，如"环境污染群体性事件"、"邻避冲突事件"、"邻避型群体性事件"、"PX"项目事件等等。学界从不同的原因和领域出发，对环境群体性事件的界定也不同，如有研究者认为：环境群体性事件"是由生态问题所诱发的、在环境污染和生态破坏威胁或损害到公众生命健康和财产安全的情况下以群体性事件的形式表现出来并对社会治安产生一定影响的政治现象"②。该理解比较全面，基本反映了环境群体性事件发生的主要原因、表现形式和后果。综合现有研究可以认为：环境群体性事件是由环境污染问题或环境安全风险问题所引发，有一定规模的人员参与，以环境权益和身体健康利益诉求为目的，对社会秩序造成严重影响的一种抗争维权事件。

理解环境群体性事件概念，需要把握几个核心要点：一是参与者是由多数人临时聚集而成的偶合群体，并非稳定的正式群体或组织机构，具有松散性；二是参与者具有共同的行为目标对象，一般将矛头指向产生污染和技术安全风险的企业、项目建设单位或地方政府；三是集体行动没有经过有关部门的审批，具有非程序性和非法定性；四是参与者采取的手段、方式是理性与非理性并存，既有"集体散步"式的游行、静坐请愿，又有一些激烈的对抗行为；五是事件后果的危害性，往往对社会秩序和社会稳定产生严重影响，造成人员伤亡和财产损失。

---

① 中国行政管理学会课题组：《中国群体性突发事件成因及对策》，国家行政学院出版社2009年版，第2页。
② 秦书生、鞠传国：《环境群体性事件的发生机理、影响机制与防治措施——基于复杂性视角下的分析》，《系统科学学报》2018年第2期。

从各地所发生的各类环境群体性事件来看，尽管有的程序不合法和手段存在部分非理性甚至非法行为，但是，参与者主要是利益受损的群众，他们以环境安全和身体健康权益为诉求目标进行集体维权，不以攻击和推翻社会制度和执政党为目的，从总体上看，国内发生的环境群体性事件仍然属于人民内部矛盾范畴。

2. 环境问题与环境事件概念分析

环境群体性事件的发生，具有深层次的复杂原因，但是，直接的导火索是环境问题、环境事件，因而在学术研究和实践中有时出现了环境群体性事件、环境问题、环境事件三个概念等同混用情况，实际上，这三个概念既有联系又存在明显差异，需要加以辨析。

环境问题，一般是指人类活动对生态环境所造成的环境质量变化，以及这种变化对人类所产生的负面影响。环境问题可细分为两类：一类主要是由于自然因素引起的生态环境的变化，如全球变暖、土地沙漠化、泥石流等；另一类主要是由于人类不当的生产和生活方式等人为因素造成的环境污染、生态环境破坏。

环境事件，一般是指由环境问题引发的危及人们生产生活、身体健康的事件，是环境问题发展到一定程度的结果。环境事件也可分为两类：一类是自然性环境事件，如地震、地质灾害等；另一类是人为性环境事件，包括企业故意排放污染物，违规生产造成的污染事故，如核泄漏、水污染等。环境事件是环境问题加剧后的产物，是环境问题外化的表现。环境事件表明，环境问题已经发展到影响人的环境利益、身体健康等。自然性环境事件，一般不易引发环境矛盾纠纷，但人为性环境事件，引发环境矛盾纠纷的可能性大，如果矛盾纠纷不断加剧，缺乏有效的沟通调解，最终可能演化成环境群体性事件。

综上所述，环境问题，主要是指物理环境或生态环境出现问题，偏重自然属性。而环境群体性事件，主要是指环境利益受损者与环境问题责任者之间的冲突性事件，社会属性较强。而环境事件则是介于环境问题与环境群体性事件之间的过渡性因素，三者之间存在"环境问题—环境事件—环境群体性事件"这一递进关系，由此获得的启示是：环境群体性事件的治理，从源头治理来看，在于分别阻断环境问题、环境事件的发生，以预防为主，全过程动态治理。这正是本研究的逻辑思路和立论基础。

（二）环境群体性事件的分类

环境群体性事件，因发生的原因和表现形式多样，具有类别属性特点。根据不同的标准，可将环境群体性事件分为多种类型。除了按照一般群体性事件的分类标准划分外，还可按其他标准进行分类。对环境群体性事件进一步细分，有助于了解不同环境群体性事件的成因和特点，实现更精准防治。

1. 以影响危害形式为标准划分

按此标准，环境群体性事件可分为两类：一类是由于人类生产和生活的污染物排放导致大气、水体和土壤等被污染所引发的环境群体性事件，可称为污染类环境群体性事件。环境的污染一般有一个形成过程，也相对容易被感知和识别，环境污染事件出现时间早，在现实中普遍存在，人们比较熟悉；另一类是由某些"邻避设施"（又称"邻避项目"）的拟建或运营所引发的环境群体性事件，可称为邻避类环境群体性事件，或直接称为"邻避冲突事件"（简称"邻避事件"）。与污染类环境群体性事件不尽相同的是，邻避类环境群体性事件除了可能由邻避设施排放的污染危害引发，还可能由邻避设施存在的技术安全风险引发。邻避设施比较多，常见的有垃圾焚烧厂（站）、核电站、通信基站、"PX"设施等，有的邻避设施存在技术安全风险，在运行中如果管控不善可能发生泄漏事故甚至爆炸，危害身体健康甚至造成人员伤亡。而邻避设施的技术安全性评估，涉及多学科专业知识和工程技术知识，对普通公众来讲，安全风险认知较为困难，公众常常对邻避设施产生恐惧感。因此，不少邻避设施还在项目申报或正式建设阶段，就遭到公众的提前抵制。

5

2. 以涉事主体为标准划分

按此标准，环境群体性事件可分为两类：一类是因企业不达标的生产排污造成当地生态环境恶化，使公众的生存环境和身体健康受到威胁所引发的环境群体性事件，其涉事主体是相关企业；另一类是由于地方政府或邻避设施建设单位的不当决策导致有明显安全风险的项目上马，受到公众抵制所引发的环境群体性事件，其涉事主体是地方政府或设施建设单位。从以往情况看，不管是哪种原因导致的环境群体性事件，地方政府有无直接责任，也常常被推向舆论的风口浪尖，成为涉事主体之一。

3. 以事件发生的时间为标准划分

按此标准，环境群体性事件可分为两类：一类是预防型环境群体性事件，是指公众因担心某些邻避设施建成后会对自己所在地的环境造成负面影响而在设施开工建设前就采取的一种抵制行动。尽管这些邻避设施还处于项目论证申报中，尚未造成环境污染或安全事故，但公众缺乏对项目的技术安全风险和环境影响的判断能力，在"宁信其有"的心理影响下，预先采取各种措施以阻止项目通过审批，有关方面为了防止抗议事件升级被迫采取"停建"或"迁址"措施。另一类是事后抗议型环境群体性事件，是指邻避设施通过审批在建中或者在已投产运行中发生环境污染和安全事故，公众要求"停建"或"停产"而进行的抗议行动。

(三) 环境群体性事件的特点

无论从成因、发展过程还是治理手段来看，环境群体性事件与其他群体性事件相比，都有显著的不同之处。充分认识环境群体性事件的特点，是探求环境群体性事件治理模式的逻辑起点和重要依据。

1. 明显的地域性

环境群体性事件主要因环境问题而产生，而环境，本身就具有空间属性，无论是企业生产和人们生活造成的污染，还是邻避设施产生的安全风险问题，都会在特定的地域内，某一环境群体性事件总是与特定的空间环境相联系，因而表现出明显的地域性。同时，由于被污染物如水体、大气的流动性和扩散性强，一个小的污染地点可能会扩大到更广的区域，该区域内受环境污染影响的居民和各类组织机构，面对污染问题都成为利益共同体，相对于造成环境污染危害的责任方，他们都是抗议者，这表明环境群体性事件的直接利益相关者规模一般比较大。这与房屋拆迁、土地征用引发的群体性事件有很大的不同，后者涉及的直接利益群体比较确定，规模也比较有限，虽然现实中也出现大规模群体性事件，但大部分参与者是旁观者、泄愤者，无直接利益关系。

2. 组织化程度较高

环境群体性事件的参与者，不仅规模大，而且大部分来自于相同地域，他们的目标比较明确和一致，就是解决环境污染问题或邻避设施的安全风险问题。共同的目标，产生"同病相怜""同频共振"的心理情绪，容易使分散的个体公众聚集起来，特别是在意见领袖的影响下，更易形成一个较为稳定的维权抗争群体，不达目的一般不会解散。而其他群体性事件未必都如此，有些规模比较大的群体性事件，直接的利益相关者可能只是一个家庭或小群体，绝大部分参与者因无直接利益关系，他们参与的动机不强，群体的稳定性差，集体行动难以形成和持续。

3. 以环境安全和健康权益诉求为主

群体性事件的发生尽管有各种不同原因，但归纳起来大部分是以经济利益诉求为主，相对来讲容易得到满足。而环境类群体性事件则主要是以环境安全和身体健康权益为诉求目标，一般来说，只有消除了现实或潜在的环境污染或邻避设施的安全风险问题，环境群体性事件才能被平息。"邻避冲突首先是利益的冲突。但化解邻避冲突，无法仅依靠分析利益损失的形成因素，探讨受损利益的经济化补偿手段。"① 这意味着环境群体性事件一般难以通过单一的经济手段来解

---

① 朱正威：《走出邻避现象的治理困境》，《中国行政管理》2018 年第 4 期。

决，有的地方政府和项目建设单位试图以有限的经济补偿来化解环境群体性事件是不现实的，必须从根本上解决环境污染问题或设施的技术安全风险问题，这是一项非常复杂的系统工程，比使用经济手段更为困难。

4. 反复性强、治理周期长

企业生产事故造成的污染有比较明显的突发性，只要生产事故被消除，污染问题就可以快速解决。但大部分环境污染危害，是由于企业长期排污造成的，是一个从量变到质变的累积过程，污染危害的加重引发环境群体性事件。而且即使环境污染得以治理，由于主客观因素影响，企业可能继续违规排污或出现生产事故，导致污染问题"复发"，以致陷入"污染—治理—再污染—再治理"的怪圈，使环境群体性事件反复发生。此外，对于邻避类环境群体性事件的治理，从邻避设施项目的申请论证到设施建成运行的每一个环节，都需要进行科普宣传教育，帮助公众形成科学的风险认知，消除安全恐惧感，这是一个较长而艰苦的风险沟通过程。

5. 地方政府和企业利益交织

在环境污染治理和邻避设施建设方面，有的地方政府容易与企业形成利益关系，其原因表现在几个方面：一是不少环境污染高风险企业，在解决当地就业和促进经济发展方面贡献很大；二是一些大型的邻避设施项目，是地方政府主导或者与企业共同投资建设的项目；三是一些高能耗、高污染项目是地方政府通过竞争引进的，在引进时政府承诺了许多特殊优待条件。因此，地方政府与这些企业或项目建设单位存在错综复杂的利益关系，甚至结成利益共同体。当环境污染企业或邻避设施项目遭到公众反对时，有的地方政府可能充当企业的"保护伞"，难以客观公正地解决矛盾纠纷问题，认真回应公众诉求。如果地方政府存在自身的利益诉求，就会失去责令污染企业关闭或停产整改以及停建不符合"环评"要求的邻避设施项目的主动性和积极性。

二、合作治理概念

合作治理是治理的一种形态和类型，是随着多元主体参与治理后出现的一种新的治理理念和治理模式，认识把握合作治理概念的内涵实质，是理解合作治理模式的基础，也是选择环境群体性事件合作治理模式的重要依据。

（一）合作治理的内涵分析

从名称来看，合作治理是由"合作"与"治理"两个概念组成的，治理概念在国内的研究已有丰富的成果，基本形成共识，兹不赘述，需要重点探讨的是"合作"概念，以及"合作"与"协同"的关系。

1. 合作的内涵分析

国内外学者对合作概念的内涵都有一些研究。在国外，美国学者尤金·巴达赫（Eugene Bardach，2011 年）认为：合作是"两个或两个以上的机构从事的任何共同活动，通过一起工作而非独立行事来增加公共价值"①。美国学者汤姆森（Thomson，2001 年）指出：合作是一个过程，在这个过程中，自主的行为者通过正式或非正式协商，共同制定规则和结构，来规范他们的行为方式和相互关系，以解决他们共同关注的问题。② 美国学者格雷（Barbara Gray，2004 年）认为：合作的早期存在协作和协调，并且合作是一个长期的整合性过程。③

在我国学术界，张康之教授对合作治理问题的研究较早，成果丰富，是国内该领域研究的代表性人物，他立足于人类发展历史的宏观视野指出：合作代表了人类有史以来一直向往和追求的共同行动的境

---

① ［美］尤金·巴达赫著：《跨部门合作：管理"巧匠"的理论与实践》，周志忍、张弦译，北京大学出版社 2011 年版，第 8 页。

② 参见 Thomson & A. Marie，*Collaboration：Meaning and Measurement*，Indiana：Indiana University Bloomington，2001，p. 14。

③ 参见 Barbara Gray，"Strong Opposition：Frame-based Resistance to Collaboration"，*Journal of Community and Applied Social Psychology*，Vol. 14，No. 3（May 2004），pp. 166－176。

界，在人们的日常生活和社会活动中，合作一直被用来指称共同行动中那些积极的相互配合、相互支持的行为。①

综上可见，国内外学者对合作概念的认识具有不少相同之处，都强调了三个核心要素：两个以上的参与主体，共同活动（行动），共同的问题（目的）。

2. 合作与协同（协作）的比较

合作、协同（协作），是学界和实际部门经常同时使用甚至替用的两个术语，以致给人一种错觉：二者含义相同，只是使用的偏好不同或者语境差异。从现有研究来看，少见对二者进行比较研究，加以区别。从形式和一般意义上看，二者都具有多元主体共同参与的显性特点，似乎没有什么差异。但从本质上看，二者却是不同的概念，正如张康之所说："不应把合作简单地理解成协作。"② 前面提及的格雷也认为：合作的早期存在协作和协调，合作与协作是不同的，有程度性差异。张康之从广义和狭义两个方面阐释指出：广义的合作包括三种形态，即"互助""协作"和"合作"。互助是在农业社会中产生的，是合作的低级形态，具有感性的特征，互助行为是自然的、自发的行为，组织化程度较低；协作是在工业社会、城市化进程中产生的，包含着明显的工具性特征，组织化程度较高。狭义的合作是合作的高级形态，是对协作的包容和提升。③ 他进而认为："狭义的合作应当是基于实践理性的合作，它是在共同行动中扬弃了工具理性的一种行为模式。"④ 张康之的阐释比较精准地揭示了合作与协作的关系，他所谓的协作即指协同，二者并无差异，因此，他对合作与协作关系的理解，其实就是对合作与协同关系的理解。本研究认同张康之的观点，也主张在使用合作概念时，应该从广义和狭义角度作出必要的限

---

① 参见张康之著：《合作的社会及其治理》，上海人民出版社 2014 年版，第 95 页。
② 张康之著：《合作的社会及其治理》，上海人民出版社 2014 年版，第 96 页。
③ 参见张康之著：《合作的社会及其治理》，上海人民出版社 2014 年版，第 96—100 页。
④ 张康之著：《合作的社会及其治理》，上海人民出版社 2014 年版，第 96—97 页。

定说明，避免因视角不同产生不必要的分歧。本研究使用狭义的"合作"概念，是基于实践理性的合作。

综合现有对"治理"与"合作"概念的认识，本研究认为，合作治理是多元主体基于共同的目标，在平等的基础上，通过对话协商，实现互利共赢的一种治理形态。

(二) 合作治理的特点

合作治理的特点是与单一主体治理、多元主体协同治理相比较而言的，主要表现为以下三个方面：

1. 以主体的地位平等为合作基础

现有研究认为，治理的参与主体是多元的，对于合作治理，不仅主体多元，而且各主体地位平等。地位平等、权责对等是实现合作治理的基础和保障条件。但是，在多元主体参与的协同治理中，通常存在一个居于中心地位的主导性主体，其他主体则是辅助者，协同本身就意味着有主次之分，存在"中心—边缘"结构。主导者在决定多元主体协同时，重点考虑的是通过什么样的形式来组合行动主体，如公私合作模式（PPP 模式）、建设—经营—转让模式（BOT 模式）等，同时还考虑采取什么配套制度以规范各参与主体的行为，不因各主体的地位、能力悬殊而影响协同治理的实现。而在合作治理中，"合作不依赖于合作者的控制机制，也不需要凌驾于合作者之上的行为体，合作者自身就是合作过程的主导者"[1]，因此，各主体地位平等，拥有自主性，不受其他主体的控制。合作治理的各主体思考更多的是其他主体的综合素质问题，如组织实力、道德水平、利益诉求问题，进而决定是否值得与其合作，各主体素质条件的差异性成为合作治理的制约因素。

2. 以对话协商为基本手段

合作治理与协同治理所受的约束力也是不同的。在协同治理系统

---

① 张康之著：《合作的社会及其治理》，上海人民出版社 2014 年版，第 100 页。

中，因各主体的地位不同，主体间存在领导与服从关系，这就需要各主体在法律框架内履行义务和责任，协同行动受规则的强约束，以确保"弱势"主体的权益。但是，合作治理的各主体关系不是上下级之间的领导与服从关系，合作治理不是依靠行政权力来主导和推动，而是通过建立互信机制、沟通机制、协商机制、公开机制来实现。因此，合作治理必须首先满足道德的审查和判断，合作关系的建立也是道德伦理关系的一种表现方式，在德治的框架下合作行动更能够广泛展开，"合作的过程更多地表现出道德的特征"①。这意味着合作治理具有明显的自组织特性，以柔性的对话协商为基本手段。

3. 以互利共赢的结果为价值取向

协同治理在本质上是"他治"，是在一定规则框架中实现的共同行动，需要一个主导者来号召、指引、约束和监督共同行动。在协同治理中，由于各主体权责不同，意味着各自的目标和利益诉求侧重点不同，主观上尽管各方都有通过协同实现互利共赢的意愿，但彼此地位的悬殊，以及"基于工具理性的利益谋划"②，容易导致结果的非公平性和行为的短期效应，"弱势"主体的利益难以得到持续有效保障。但在合作治理中，各主体地位是平等的，基于共同的需要和共同的价值观，能拥有更为一致的目标诉求，利益是合作的纽带，彼此结成了更为牢固的利益共同体，着眼于实现长期而稳固的利益回报。互利共赢，不仅是初次合作的动力和追求，也成为新一轮合作的基础；没有互利共赢，合作将难以持续。

第二节　环境群体性事件合作治理的理论基础

环境群体性事件合作治理模式的构建，不仅是一个实践问题，也是一个理论问题。为什么环境群体性事件需要合作治理，有必要从学

---

① 张康之：《论合作》，《南京大学学报》（哲学·人文科学·社会科学版）2007 年第 5 期。

② 张康之著：《合作的社会及其治理》，上海人民出版社 2014 年版，第 97 页。

理上予以阐释，以提升实践的自觉性。环境群体性事件的合作治理，具有坚实的思想理论基础，这可以从自组织系统理论、合作治理理论中找到依据，获得启示。

一、以自组织系统理论为基础

环境群体性事件的合作治理是一个由治理主体、治理客体、治理手段、治理平台、治理资源等要素共同构成的综合系统或体系，如前所述，合作治理更具"自治"的特点，其自组织性较强，因此，合作治理与自组织系统理论具有内在的密切联系，自组织系统理论可为环境群体性事件的合作治理提供理论基础。

（一）自组织系统理论的基本思想

自组织问题的研究分为两个阶段：第一阶段从 20 世纪 40 年代到 60 年代，在 40 年代，为描述脑神经网络的功能，科学界提出自组织概念；在 60 年代，比利时物理学家普里高津和德国物理学家哈肯通过对热力学和统计力学的研究，打开了研究自组织理论的大门。从 70 年代开始的第二个阶段，是自组织理论和方法论发展时期，哈肯等人创立的协同学理论、托姆创立的突变理论、艾根等创立的超循环理论、曼德布罗特创立的分形学和以洛伦兹为代表的科学家创立的混沌理论等，随着不同学科的发展和完善，分别从不同视角和层次，在研究自组织理论和方法论问题方面出现了殊途同归和科学汇流的现象。1969 年，普里高津正式提出了耗散结构理论。耗散结构是一个与外界存在能量和物质交换的开放系统，是在远离平衡非线性领域自发形成的新的稳定有序结构。耗散结构理论将热力学从平衡态推广到非平衡态，从而发现了系统的自组织现象以及自组织的机制、条件和规律。[①]

耗散结构理论只是解决和论证了系统向有序方向自组织演化或进化的可能性问题，但是，如何实现有序，则涉及动力学机制问题，这

---

① 参见徐佳宁：《基于 Web 2.0 的网络信息自组织机制研究》，《情报杂志》2009 年第 6 期。

正是协同学所要解答的问题。协同学的创始人哈肯在 1970 年首次引入协同学概念。协同学从激光理论着手，找到了不同质的系统产生自组织现象的规律。协同学认为，系统的协同效应有两个特点：一是系统拥有自发地对其子系统进行组织和协同的自组织能力，使系统实现从混沌无序态到有序态的突变，形成新的稳定结构；二是一切不同功能系统普遍具有体现系统功能的自然机理。[①] 协同学中最主要的概念是参变量，用以表示系统的宏观的序度，用参变量的变化来描述系统自组织结构的形成。

1971 年，德国生物物理学家曼弗德·艾肯提出了分子体系的自组织系统理论——"超循环"理论。"超循环"理论认为，在生命自组织过程中，通过各种多核苷酸编码的多肽将这些多核苷酸连成环状的反应网，两种类型的生物大分子既有自催化又有他催化，是具有自复制能力和自调节能力的高级催化环，"超循环"理论从生命现象出发，研究生命系统自组织现象的机制和特点。[②]

自组织系统理论认为，构建自组织系统须有四个必备条件：一是开放性条件。指系统内各要素之间以及系统与外界之间，必须在信息、能量和物质等方面进行充分的交换，不能有任何限制。二是非平衡性约束条件。指系统整体和各要素均处于一种非平衡状态，其实质是一种压力约束态，它是使系统有序化的动力源。三是非线性相干条件。指系统内各要素相互作用的关系是非线性的制衡关系，而非从上到下的线性制约关系。四是涨落条件。指有助于系统生存和发展所面临的各种客观的、随机的机遇和机会，这些涨落（即机会和机遇）只垂青于同时具备上述三条件的系统，并使系统上升到更高层面的有序状态。[③] 该理论认为，当系统具备这四个条件时，系统将会自组织地

---

① 参见刘文华：《协同学及其哲学意义》，《国内哲学动态》1986 年第 7 期。

② 参见薛晓东：《生命过程中的有限性与无限性》，《社会科学研究》1990 年第 6 期。

③ 参见湛垦华、沈小峰等编：《普里高津与耗散结构理论》，陕西科学技术出版社 1982 年版，第 12—15 页。

由无序态向有序态转化。转化的根据在于四个条件有机形成了促使系统内在的自组织演化的整合机制。①

（二）自组织系统理论对环境群体性事件合作治理的指导性

合作治理结构是一个合作系统，"合作系统是开放性的，随时准备把一切具有合作意义的人纳入行动系统"②。环境群体性事件合作治理，也是一个开放的合作系统，不能仅由政府单一主体来治理，必须吸纳其他多种主体参与共治，否则将出现政府治理失灵。在我国，就一般合作治理的机构主体而言，除政府组织外，通常还有党委、人大、政协、共青团、妇联、工会、企事业单位和新闻媒体等，具体到环境群体性事件的机构合作治理，也需要上述各主体参与，如果仅就直接相关利益主体而言，至少需要政府、企业和公众这三大基本主体。无论从哪个角度看，在我国现实中，环境群体性事件合作治理的主体结构都是一个系统，具有多元性、复杂性和特殊性。

环境群体性事件的合作治理系统同样是一个自组织系统。环境群体性事件的直接原因主要是公众的生态环境和健康权益受到危害和影响，本质上是由利益诉求引发的，因此，环境群体性事件最终得以化解的条件，是受损主体的权益能否被维护。这就需要涉事各方在平等基础上，以对话协商为基本手段，以互信沟通机制为基本保障，使各方合理利益诉求得到满足，这正是环境群体性事件合作治理模式的体现，这种治理模式无疑符合自己的事情由自己协商解决的原则，即"自治"而非"他治"，"软治"而非"强治"。这表明合作治理模式具有显著的自组织特点，与环境群体性事件的自组织治理特点比较契合。

既然环境群体性事件治理具有自组织治理特点，那么，自组织系统理论就可以提供理论基础和新的分析视角。自组织系统理论为有效实现环境群体性事件合作治理带来许多重要启示：要遵循合作治理系

---

① 参见薛晓东、许宣伟：《创新性思维的自组织机制探析》，《电子科技大学学报》（社科版）2008年第2期。

② 张康之著：《合作的社会及其治理》，上海人民出版社2014年版，第103页。

统的自组织特性和运行机制，避免通过外部强制力量去干预控制系统内部平等协商解决矛盾纠纷，并且要努力创造形成自组织机制的四个前提条件，只要这些条件具备，系统内在运作机制就能得以形成，促使系统自组织地从无序态向有序态转化，从对抗走向合作。这些启示将为完善环境群体性事件合作治理的机制和实现条件提供有益的理论指导。

二、以合作治理理论为基础

前面在对合作治理概念的阐释中初步分析了合作治理的内涵和特点，部分反映了合作治理理论的一些思想。进入 20 世纪 90 年代后，随着治理理论在西方国家的勃兴，合作治理的思想也随之出现并发展，逐渐形成了合作治理理论。

（一）合作治理理论的基本思想

合作治理理论是以治理理论为基础发展起来的一种新的治理理论范式。在 20 世纪 90 年代的西方学术界，有关治理的研究逐渐成为热点，涌现出以美国学者詹姆斯·N. 罗泽瑙、B. 盖伊·彼得斯等为代表的一批学者和较为丰富的研究成果，研究的学科领域由政治学领域不断拓展到社会科学多个领域。然而，由于学者们研究的角度和侧重点不同，在对治理概念的理解上并未达成学术共识，更没有形成统一的定义。在 20 世纪 90 年代中后期，我国学者在借鉴西方治理思想的基础上开始了治理理论的本土化研究，查得国内最早的"治理"研究文章是研究者智贤发表的《Governance：现代"治道"新概念》一文，该文于 1995 年收入刘军宁出版的《市场逻辑与国家观念》一书。此后，治理领域的研究不断升温，张康之、俞可平、陈振明、徐勇、毛寿龙等一批学者在国内较早开展了治理理论的研究，推动了该领域的学术研究。

陈振明总结国内外治理理论的研究途径，将其归纳为三种途径：政府管理的途径、公民社会的途径、合作网络的途径。① 合作网络的

---

① 参见陈振明等著：《公共管理学》（第二版），中国人民大学出版社 2017 年版，第 59—62 页。

途径，本质上就是一种合作治理的途径，是对政府治理与公民社会治理两种途径的整合。同时，针对国内外对治理概念的研究，陈振明认为："可以将治理一般地理解为一个上下互动的管理过程，它主要通过多元、合作、协商、伙伴关系、确立认同和共同的目标等方式实施对公共事务的管理，其实质在于建立在市场原则、公共利益和认同之上的合作。"① 可见，治理理论的核心思想是：主张公众或社会参与、权力的共享、行为的自主，主张多元主体通过协商建立伙伴关系，主张基于确立共同的目标来建立行动共同体。其实，他所谓的治理已经包含"合作"的意蕴。在 20 世纪 90 年代以后，治理理论对中外政府行政改革产生了较大影响，出现了显著的市场化、社会化改革取向，如各国以多元主体共同治理的模式在环境保护、基础设施建设、社区发展、医疗、教育等领域承担公共事务管理的责任。

合作治理概念的提出，进一步拓展深化了治理理论，更加凸显了多元主体在治理中的权责关系及其行动模式。中外学者从不同角度出发，对合作治理的内涵展开研究。比较有代表性的观点，如：美国学者安舍尔（Chris Ansell）和加什（Alison Gash）认为，严格意义上的合作治理不仅需要非政府部门直接参与公共政策制定，还需要各参与者对政策结果负责，即从实质意义上做到共享决策权力，共担决策责任，从而区别于咨询委员会、公民大会等松散意义上的公民参与模式。② 美国学者约翰斯顿等人（Johnston et al.）则认为，合作治理的根本性承诺就是将所有利益相关者包容在合作讨论平台上，通过这一平台讨论公共政策问题并形成解决方案。③

① 陈振明等著：《公共管理学》（第二版），中国人民大学出版社 2017 年版，第 59 页。
② 参见 Chris Ansell & Alison Gash，"Collaboration goverance in theory and practice"，*Journal of Pubilc Administration Research and Theory*，Vol. 18，No. 4（October 2008），p. 108。
③ 参见 Erik W. Johnston，Darrin Hicks，Ning Nan & Jennifer C. Auer，"Managing the Inclusion Process in Collaborative Governance"，*Journal of Public Administration Research and Theory*，Vol. 21，No. 4（October 2011），pp. 699 – 721。

在我国，合作治理的系统研究开始于 21 世纪初，我国社会治理改革实践推动学术研究不断走向深入，越来越多的跨学科学者投入该领域研究，提出自己的见解。敬义嘉认为：合作治理是介于政府治理和自治理之间的复合型治理模式，其基本特征是不同治理主体为解决共同事务而对各方治理性资源进行的交换和共享。[①] 对合作治理有系统性研究的张康之认为：合作治理理论从根本上排除了任何政府中心主义的取向，拒绝统治型的集权主义的民主参与型的政府中心取向，合作治理理论把社会自我治理这一新兴现象放在与政府平等合作的位置上来加以考察。[②] 2012 年，学界泰斗夏书章教授在展望"公共管理的未来十年"时，发出"加强合作治理研究是时候了"[③] 的呼吁，进一步推动了合作治理研究的发展。

党的十八大以后，国内学界迎来了在国家治理体系和治理能力现代化这一宏大背景下全面研究治理理论的新时代。2013 年 11 月，党的十八届三中全会审议通过《中共中央关于全面深化改革若干重大问题的决定》（下简称《决定》），提出实现国家治理体系和治理能力现代化这一全面深化改革的总目标，《决定》在改进社会治理方式部分指出："坚持系统治理，加强党委领导，发挥政府主导作用，鼓励和支持社会各方面参与，实现政府治理和社会自我调节、居民自治良性互动。"[④] 这体现了多元主体合作治理的思想。自此学界在国家治理体系和治理能力现代化这一总体框架下，开始统揽各层面和各领域治理的系统性研究。2017 年 10 月，党的十九大报告指出："打造共建共治共享的社会治理格局。加强社会治理制度建设，完善党委领导、政府负责、社会协同、公众参与、法治保障的社会治理体制，提高社会治

---

① 参见敬义嘉著：《合作治理：再造公共服务的逻辑》，天津人民出版社 2009 年版，第 172—173 页。

② 参见张康之：《论参与治理、社会自治与合作治理》，《行政论坛》2008 年第 6 期。

③ 夏书章：《加强合作治理研究是时候了》，《复旦公共行政评论》2012 年第 2 期。

④ 《中共中央关于全面深化改革若干重大问题的决定》，2013 年 11 月 15 日，见 http://www.gov.cn/jrzg/2013-11/15/content_2528179.htm。

理社会化、法治化、智能化、专业化水平。"① 打造"三共"的社会治理格局，并明晰不同主体的权责关系，是对合作治理思想的最好诠释，标志着有中国特色的合作治理思想不断深化。

综观改革开放后我们党对社会治理的不懈探索和认识，以及学术界的研究成果不难发现，中国特色的合作治理思想具有几个特点：一是坚持以人民为中心，维护人民群众根本权益的合作治理价值理念；二是坚持党的核心领导，"一核多元"的共建共治共享的社会治理格局；三是坚持德治、法治和自治相结合的合作治理综合手段；四是坚持以公平正义为导向的合作治理空间均衡发展取向。这与西方合作治理理论有较大差异。在中国现实环境下实施合作治理，不能简单照搬西方的治理理论，必须从中国的国情出发，体现"中国之治"。

（二）合作治理理论对环境群体性事件合作治理的指导性

在我国的社会治理或应急管理中，存在政府单一主体治理模式、政府主导下的多元主体协同治理模式，以及多元主体合作治理模式。这三种模式产生于不同的时代背景，虽然存在一定的时序性，但三者并非一种依次取代关系，而是一种共存关系，都有各自适用的范围和条件，都有存在的合理性。不应孤立地评价每种模式的优劣，本研究在论及合作治理模式的优势时，也特别指明针对环境群体性事件的治理而言，并未把合作治理模式视为一种普遍适用的万能模式。有研究者提出"合作治理模式之于中国的适用性和适用限度需要审慎考辨"②，也是持类似的观点，即合作治理模式的适用度因问题和对象不同而有差异，需要结合实际对象和场景选用。

环境群体性事件的发生，主要涉及政府、企业、公众等多元主体，表现为公共利益、集体利益和个人利益之间的冲突，环境群体性

---

① 习近平：《决胜全面建成小康社会夺取新时代中国特色社会主义伟大胜利》，2017 年 10 月 27 日，见 http://www.xinhuanet.com/2017 – 10/27/c_ 1121867529. htm.

② 王辉：《合作治理的中国适用性及限度》，《华中科技大学学报》（社会科学版）2014 年第 6 期。

事件的成因及演变不同于自然灾害类突发事件，也有别于土地征用、房屋拆迁引发的群体性事件，不同的突发事件在治理模式上应该有差异。进入 2000 年以后，在环境群体性事件治理实践中处于主导地位的模式主要是协同（协作）治理模式，该模式结构是一种以政府为主导、其他主体协助的"中心—边缘"治理结构，具有明显的等级和管制特点，不太适合环境群体性事件的治理。

此外，解决环境群体性事件中多方主体的利益博弈问题，必须找到各方利益的平衡点和最大公约数，实现"多赢"或"共赢"。但以往面对公众的集体抗议，有的地方政府为了快速平息事件，比较注重公众方的维权，有时一味地满足公众的利益甚至过度的利益诉求，而对企业的利益诉求回应不够，导致一些环境冲突事件陷入"平息—复发—再平息—再复发"的治理困局，大量经验教训表明，不兼顾各方合理利益诉求，迫于某方的施压就轻率妥协的做法，不是明智之举，是治标不治本。摆脱邻避设施"一建就闹，一闹就停"的困境，避免妥协式的应对策略带来的成本和效益损失，具有重要的理论意义和现实价值。①

合作治理理论为环境群体性事件治理困局的化解提供了更具科学性、解释力的理论依据。合作治理理论主张治理主体多元而地位平等、治理手段为对话协商、治理结果为互利共赢，体现了民主、平等、公正、互信思想，这是新形势下解决人民内部的利益冲突的重要指导思想。环境群体性事件，从根本上看，是各方利益冲突导致的，解决的根本出路在于各方平等协商、有效沟通，满足各自合理的利益诉求，而合作治理模式恰好满足了以化解利益冲突为主要目标的群体性事件，尤其如环境群体性事件的治理需要。合作治理模式的理论基础是合作治理理论，合作治理理论启示我们：在环境群体性事件治理中，要鼓励支持各主体平等、协商、自主解决他们面临的共同问题，满足各自合理的利益诉求，坚决避免行政权力过度干预和采用强制性

---

① 参见朱正威：《走出邻避现象的治理困境》，《中国行政管理》2018 年第 4 期。

的管控手段来化解冲突，以实现所谓的刚性稳定。

第三节　国内环境群体性事件治理研究动态

在我国学界，有关环境群体性事件治理的研究大致始于 20 世纪末期，一直呈现快速增长的趋势。据中国知识资源总库（CNKI）检索发现，第一篇有关群体性事件的研究文章，是《公安论坛》1996年第 4 期发表的《群体性事件的透析与防处对策》。环境群体性事件的研究，与社会治理实践需求的推动分不开，进入 21 世纪以后，环境群体性事件在国内一些地方呈现多发态势，党和政府高度关注，积极应对。学界及时回应应急实践的需求，持续展开了较为全面的研究，涌现出一大批研究成果，成为群体性事件研究中的一个重要部分。

一、环境群体性事件治理研究成果的规模

有关环境群体性事件的研究成果主要集中于期刊论文、报纸文章、专著和研究报告中。鉴于期刊和报纸是研究成果的主要载体，本研究选用中国知识资源总库（CNKI）重点对报刊文章进行检索，检索项为"篇名"，检索方式为"精确检索"，对查得的文章从以下两个维度进行分析。

（一）研究成果的时间分布情况

本研究检索时间以 2020 年为截至时间，选取 15 年为一个考察期限，2006 年成为检索的起始年，同时选取 7 个事件术语作为检索词，查得的文章数量见表 1－1。

表 1－1　2006—2020 年环境类群体性事件文章统计

检索词	2006—2015 年			2016—2020 年			2006—2020 年
	期刊	报纸	合计	期刊	报纸	合计	合计
环境群体性事件	141	4	145	108	4	112	257
环境冲突	81	0	81	26	0	26	107

续表

检索词	2006—2015 年			2016—2020 年			2006—2020 年
	期刊	报纸	合计	期刊	报纸	合计	合计
环境纠纷	104	8	112	30	0	30	142
邻避冲突	101	4	105	197	1	198	303
邻避纠纷	0	0	0	0	0	0	0
邻避设施	31	2	33	54	0	54	87
"PX" 项目	115	37	152	28	1	29	181
合计	573	55	628	443	6	449	1077

从表 1-1 可见，在 2006—2020 年的 15 年间，国内共发表本领域的报刊文章 1077 篇。如果不考虑具体年度的发文量差异，仅从两个大的时段看，2006—2015 年 10 年间共发文 628 篇，年均发文数为62.8 篇，2016—2020 年 5 年间共发文 449 篇，年均发文数为 89.8 篇，表明研究成果呈增长趋势，这与我国环境问题和公众环境安全焦虑不断加剧的实际情况是吻合的。

（二）研究成果的类别结构情况

如前所述，环境群体性事件，是一个总称概念，因发生的原因和领域多样，又有许多不同的具体称谓。为进一步了解本领域内的具体研究情况，对 7 个不同术语的发文进行检索，其结果如表 1-1 所示。在 15 年间，按发文量由高到低排列，居前三位的研究是邻避冲突（303 篇）、环境群体性事件（257 篇）、"PX" 项目（181 篇）；再对7 个术语的发文进行归并发现，含 "环境" 一词（环境群体性事件、环境冲突、环境纠纷）的发文共 506 篇，占比 46.9%；属于 "邻避"类（邻避冲突、邻避纠纷、邻避设施、"PX" 项目）的发文共 571篇，占比 53.0%。这表明邻避类环境群体性事件的研究受到更大关注，这也与 2007 年厦门市发生 "PX" 事件后邻避事件开始增多的现实情况比较一致。

值得说明的是，按以上 7 个术语检索到的发文量，并不能完全反映实际发文总量，因为有些文章的名称虽然不含这些术语，但实际内容仍然属于本领域内的研究。在著作方面，由于还未建立起全国统一的图书检索平台，本领域的相关著作量难以统计，从大致了解的情况看，直接以环境群体性事件为对象的研究专著不多，但书名含"群体性事件"或"公共危机管理"或"应急管理"等词的著作数量仍然相当可观，不少著作中设有环境群体性事件或邻避冲突事件方面的专章（节）。

二、环境群体性事件治理研究的主要内容

从已经公开发表和出版的论著来看，有关环境群体性事件的研究内容较为广泛，在事件种类研究上涵盖了环境群体性事件的各类别；在治理要素研究上涉及治理的主体、客体、体制、模式、过程、保障条件等，初步构建起了较为全面的研究内容体系，下面选取比较集中的研究主题简要分析。

（一）有关环境群体性事件内涵、特点、类型的研究

这部分是以环境群体性事件为对象的基础性研究，重点研究环境群体性事件的内涵、特点和类型，研究难点在于如何把环境群体性事件与其他群体性事件区别开来。学界对于环境群体性事件概念的内涵理解基本一致，普遍认为，环境群体性事件是由环境污染问题、环境设施安全风险引发的一类群体性事件，是公众基于现实或潜在的环境风险而采取的一种集体维权行动。例如：孟军（2010 年）认为，环境群体性事件是环境污染导致的群众抗议、抗争事件。秦书生、鞠传国（2018 年）认为，环境群体性事件是因环境污染和生态破坏而威胁或损害到公众的生命财产安全的一类群体性事件。有关环境群体性事件的特点研究，比较有代表性的观点是：张有富（2010 年）认为，环境群体性事件具有多样性、地域性、规模性、可预见性、反复性和危害性特点。有关环境群体性事件的类型研究，因标准不同出现了多种不同分类，比较有代表性的分类是：于建嵘（2012 年）以维权行

动爆发时间为标准，将环境群体性事件分为事前预防型和事后救济型。王玉明（2012年）以维权方式为标准，将环境群体性事件分为暴力型和非暴力型。此外还有按产生的领域和原因，将环境群体性事件分为环境污染类群体性事件、邻避类环境群体性事件。

（二）有关环境群体性事件成因的研究

成因部分是本领域研究的重点和难点，能否揭示出环境群体性事件发生的特殊原因，关系到治理对策的针对性和有效性。总体上看，环境利益诉求是多数研究者比较一致的观点，主要认为：环境群体性事件是由公众对环境权益、环境项目安全和身体健康诉求引发的。例如，王婕（2019年）认为，中国民众不再因经济利益而毫无条件地接受各类邻避设施，而是从环境保护和健康防护的角度出发对邻避设施进行综合衡量。由于研究者认识角度不同，对环境群体性事件的发生提出了多种不同原因，可概括为本质原因、直接原因、间接原因、诱因等。例如，王艳春（2013年）认为，地方政府的政绩观、经济发展与生态保护关系处理不当导致环境群体性事件，这反映的是根源性原因。多数研究者偏重于直接原因或诱因的分析，比较集中的观点是：环境群体性事件的发生是因为公民环保意识提高、信息不透明、环评和社会稳定风险评估不到位、缺乏合理的利益诉求渠道、社会自我调节能力不强等。例如，张金俊、张新文、滕亚为（2013年、2015年）认为，基层政府"维稳"的管制方式、农村社会变迁、环保社会组织缺位，政府、企业和民众在博弈过程中没有达到利益均衡，以及公众享有的公私合作治理模式下协商性权利缺失，是环境群体性事件发生的原因。对于邻避类群体性事件的成因研究，比较集中的观点是：安全风险沟通不足、风险认知存在偏差、邻避项目决策不透明、公众参与渠道少等。例如，王婕（2019年）认为，公共政策决策过程的封闭性导致的公众"不了解项目审批过程""不信任项目单位的安全措施"，以及对项目决策过程中参与机会和渠道缺失的感知，都是公众反对邻避类项目的重要原因。

（三）有关环境群体性事件治理对策的研究

这里所谓的治理对策研究，是对环境群体性事件治理的思路、原则、体制、机制、手段、模式等要素研究的统称，多数研究涉及此内容。从研究的对策范围来看，有的是对某一具体对策的专项研究，有的是对多种对策的综合性研究。从治理对策的特点来看，有的提出以预防为主的源头性对策，属于治本之策，包括加强生态文明建设和环境保护，树立科学的政绩观和发展观，加强环境保护法治建设等；有的属于事发前或事中的技术性、处置性对策，包括强化政府责任和企业社会责任、扩大公众参与、加强信息公开、注重协商沟通、健全社会组织等。例如：陶鹏（2010 年）认为，通过风险评估、沟通、政治参与等手段治理邻避型群体性事件。代杰（2014 年）认为，用协商民主、司法渠道解决环境群体性事件。王佃利（2018 年）认为，要实现邻避设施空间生产的包容性治理，以空间正义为价值导向，保障邻避设施空间生产过程的多元参与，完善邻避设施的多元化空间补偿方案。张紧跟（2019 年）认为，要促进地方政府协商治理创新扩散。

（四）有关环境群体性事件治理模式的研究

现有研究中也有一些专门针对治理模式的研究。治理模式的研究，主要是围绕治理主体结构及其关系而展开的，较多研究者在对传统的政府单一主体治理模式进行反思的基础上，提出多元主体参与治理模式，包括协同治理模式、合作治理模式两大主要模式。对于多元主体的协同治理模式，主要从必要性、多元主体权责关系以及实现途径等方面展开研究。例如：张新文（2013 年）认为，环境群体性事件的治理亟待寻求利益相关主体参与协同治理。李明洪（2014 年）认为，在利益多元化的今天，亟待政府联合各相关利益主体协同治理。江永清（2015 年）认为，修正政府、市场与社会三者关系结构失衡关系，构建地方政府、市场与社会关系新模式。樊良树（2018 年）认为，地方政府要引导、凝聚各方面力量，从过去的一元单向治理向多元交互共治转变，使不同利益主体在求同存异中融合发展。肖爱（2019 年）认为，应该以"生态环境整体性协作治理"作为逻辑出发点和基本理念，以全局视野、系统思维、体系化方法，从整体性上把握，以协作性为标准优化纠纷解决措施。还有研究者对协同治理、合作治理两种治理模式进行比较和评价。例如：颜佳华（2015年）认为，协商治理、协作治理、协同治理与合作治理概念存在相同点和差异，合作治理是超越协同治理的更加符合现今国际社会的一种治理范式。张康之（2013 年、2014 年）认为，合作是对协作的包容和提升，是一种不同于协作的共同行动模式；以合作的理念和精神来处理当前各种社会事务是我们必须作出的选择。此外，有的研究者基于不同的标准，还提出了其他治理模式。例如：从治理方式手段出发，彭清燕（2013 年）提出司法治理模式，彭小霞（2014 年）提出回应型治理模式。

三、环境群体性事件研究简要评价

通过对现有研究成果的分析可知：国内环境群体性事件的研究日益受到重视，成为研究热点；研究的学科视角较广，从政治学、公共管理学、社会学、传播学等学科展开了跨学科研究，拓展了研究的广度；研究方法较为多样，综合运用文献研究、比较研究、调查研究、案例研究等多种方法，使规范研究与实证研究有机结合。研究者提出了一些有价值的观点和见解，在基本问题上形成了不少共识。总之，现有研究为本领域的深化研究奠定了良好的基础。然而，环境群体性事件的治理具有复杂性、特殊性，现实中各种新问题、新挑战不断出现，理论研究还存在滞后性、不适应性，有待继续拓展和深化。

（一）环境群体性事件的特殊性研究不够

环境类群体性事件是群体性事件的一种特殊类别，与其他问题如土地征用、房屋拆迁等问题引发的群体性事件相比，既有共性也有特殊性，其特殊性表现在环境群体性事件的成因、演变过程和治理手段等多方面，需要进行针对性研究以揭示其独特性。能否发现和阐释环境群体性事件的特殊性，关系到研究成果的质量和水平。现有成果对这些特殊性的研究还不够充分、不够深入，有的成果甚至套用、照搬和移植一般群体性事件的研究观点和表述，只是贴上了"环境"二字的"标签"，形式与实际内容"两张皮"，环境群体性事件与一般群体性事件的研究，差异度不高，雷同化倾向明显，有待创新。

（二）环境群体性事件的成因研究泛化

环境群体性事件的成因比较复杂特殊，是本领域研究中的一个非常关键的要素。现有研究比较多地固守在对环境群体性事件发生原因的认识上，用一般群体性事件的原因代替环境群体事件的原因，普遍认为环境群体性事件发生的原因是：环境风险危机意识不强，对公众利益诉求回应不够，环境信息不透明，公众参与不充分，应急管理体制机制不健全，等等。这些因素虽然与环境群体性事件的发生有关，但基本上仍是各类群体性事件发生的共性原因，未能深入揭示反映环境群体性事件发生的独特性原因。尽管一些研究者也认识到了公众对生态环境质量和身体健康权益的诉求、环境风险沟通不足等环境群体性事件发生的特殊原因，但缺少系统性的阐释。此外，不同类别的环境群体性事件的发生，还有各自不同的具体原因。例如：一般环境群体性事件主要是环境污染问题导致的，而邻避类环境群体性事件则主要是由邻避设施的安全风险问题导致的。可见，即使都属于环境群体性事件，如果缺乏分类细化研究，仍然难以发现不同类别环境群体性事件发生的真正原因。

（三）合作治理模式的研究较为薄弱

在有关环境群体性事件治理的各类对策研究中，治理模式受到一定程度的关注，甚至还有一些讨论。现有研究提出的治理模式大致有：协商模式、协作模式、协同模式、公私合作模式、多元主体参与模式等，这些名称不同的治理模式都可归结为协同（协作）治理模式，成为主导性观点，影响较大。尽管有一些研究者也提出了合作治理模式，但是，在理解上仍然将合作治理模式视为以某一主体居于主导地位的多元主体参与模式，本质上还是一种"协同"模式或广义上的"合作"模式，并非真正意义或狭义上的"合作"模式，把合作治理模式与协同治理模式等同的情况较为普遍。能够科学理解并准确阐释合作治理模式的内涵、本质的成果偏少，特别是对合作治理模式在环境群体性事件治理中的必要性、适用性，以及合作治理模式的实现条件等问题，更缺少有深度的研究。

综上所述，根据研究现状和现实需要，在环境群体性事件治理领域的研究，还需重点拓展和完善以下几方面：

第一，立足环境群体性事件多发的严峻现实，全面总结和诊断环境群体性事件治理中存在的问题、困境和挑战。要在把握环境群体性事件与一般群体性事件发生的共性原因基础上，深入探求其特殊原因，为破解环境群体性事件的治理困局找到突破口。

第二，加大对环境群体性事件的分类细化研究。环境群体性事件是一个集合性称谓，因成因、发生领域和表现形式的差异，具有不同类别。例如：从发生的原因看，有工业生产污染导致的环境群体性事件、安全敏感类设施建设导致的环境群体性事件。从地域看，有农村和城市两类环境群体性事件。环境群体性事件的多样性表明，只有进行细化和针对性的深入研究，才能发现特殊性，从而提高治理的精准性。

第三，加大对环境群体性事件的治理模式研究。要从历史维度研究各种治理模式产生发展的背景、条件，各自的适用场景和范围，在对现存模式的反思与比较中为环境群体性事件的治理找到一种更为切实可行的模式，特别要从理论与实践上科学阐释合作治理模式对于环境群体性事件治理的必要性和可行性。

第四节　环境群体性事件治理的挑战与治理思路

由于政治、经济和社会的多种因素交织，特别是过去在统筹发展与环境保护关系上存在的片面性，环境公共服务供给与人民群众对美好环境和健康生活需求之间还存在差距，导致我国在环境群体性事件治理方面存在一些短板，面临不少严峻挑战。进入新时代，如何创新治理思路，有效应对各种挑战，预防和减少环境群体性事件的发生，实现社会和谐稳定，已成为实现国家治理体系和治理能力现代化中的重大理论和现实课题。

一、环境群体性事件治理面临的挑战

进入 21 世纪后，我国环境群体性事件数量在各类群体性事件中位居前列，特别是重大环境群体性事件时有发生，造成较为严重的社会影响和危害。虽然在某些年度环境群体性事件数量略有下降，但总体上看仍然处于高发态势，环境群体性事件治理的任务十分艰巨，挑战将长期存在。

（一）环境问题治理的压力巨大

环境问题是环境群体性事件发生的根源性因素，只要环境问题不能得到根本性解决，环境群体性事件将始终存在。环境问题主要来自两个方面：一是因为企业违规生产经营、人们不科学的生活方式所导致的生态环境破坏和污染问题；二是具有环境安全敏感性的大量邻避设施建设所产生的环境影响和健康危害问题。前者虽然也与人类行为有关，但自然属性更强，而后者主要与经济和社会发展有关，社会属性更强。这两类环境问题都比较突出，解决的难度大，给治理工作带来巨大压力。

1. 生态环境保护面临的问题较为突出

环境污染是引发环境群体性事件的一个重要原因，而生态环境保护状况直接与环境污染有关。"当前我国的生态环境问题有着复杂成因，要看到，几十年积累的问题难以在几年内完全解决。"[①] 党的十八

---

① 国务院研究室编写组：《2019 政策热点面对面》，中国言实出版社 2019 年版，第 173 页。

大后，我国进一步加大生态文明建设力度，贯彻新发展理念，相继实施大气、水、土壤污染防治三大行动计划，努力补上生态环境这块最大的短板，生态环境质量得以逐步改善。但是，"多年积累的环境问题具有综合性、复合性、难度大的特点，解决起来也绝非一朝一夕之功。特别是当前资源环境承载能力已经达到或接近上限，生态系统性脆弱、污染重、损失大、风险高的生态环境状况还没有根本扭转"①。

除常见的大气、水体和土壤污染造成的生态环境质量下降问题继续存在外，生态环境保护还面临不少新的突出问题：一是区域发展不平衡出现的产业转移造成中西部地区或边远落后地区生态环境保护压力加大；二是"城市污染企业出现向农村转移的趋势，过剩产能、有转型可能的城区污染产业大量在农村集聚"②，这使我国农村地区生态环境保护压力增大；三是"我国环境风险企业数量庞大，近水靠城，区域性、布局性、结构性环境风险突出"③。这三大因素造成生态环境破坏和环境污染事件多发，环境矛盾和纠纷不断加剧，有的甚至演化为环境群体性事件。

2. 邻避设施项目遭受抵制的情况较为普遍

大多数邻避设施的环境安全敏感性高，常常遭到设施附近居民的强烈抵制，引发不少邻避类环境群体性事件。邻避类环境群体性事件，与传统的生态环境遭到污染破坏所引发的环境群体性事件有较大不同。企业人为排污或意外生产事故造成的水体、大气、土壤污染，公众比较容易识别，污染问题也相对容易解决。随着监管力度加大或事故被处置，污染问题随之解决，持续时间一般较短。即使企业长期排污形成的环境污染，只要采取切实的治污和环保措施，污染问题也

---

① 李培林、陈光金、张翼主编：《2019 年中国社会形势分析与预测》，社会科学文献出版社 2019 年版，第 305 页。

② 李培林、陈光金、张翼主编：《2019 年中国社会形势分析与预测》，社会科学文献出版社 2019 年版，第 307 页。

③ 李培林、陈光金、张翼主编：《2019 年中国社会形势分析与预测》，社会科学文献出版社 2019 年版，第 307 页。

能够在一定时期内解决。总之，只要消除了环境污染，公众就失去了继续抗议维权的理由，环境群体性事件就会较快平息，如果环境污染不再发生，那么公众的抗议维权活动一般不再复发。

但是，邻避类环境群体性事件的防控则比较特殊，某种程度上更为困难。一方面，邻避冲突已"成为环境保护、民生需求和社会治理这三个重点领域矛盾综合交织的具体表象"[①]，其综合性强，治理的复杂性加大。另一方面，邻避冲突治理，一般需要对公众进行安全风险沟通，化解其风险认知偏差。而风险沟通涉及比较专业的科学理论知识，普通公众的科学素养不高，在某些伪科学谣言的影响下，往往会把低风险无限放大，官方的宣传引导和辟谣也无济于事，公众不仅对已建成运行的邻避设施进行抵制，还对拟建或在建的邻避设施进行预防性抵制。只要邻避设施继续建设，只要建成的邻避设施继续生产运营，公众的质疑和反对就难以停止，这使邻避冲突治理常常陷入"平息—再发—再平息—再发"的困局，呈现出"综合性、多发性、激烈性和恶性复制与蔓延等特征"[②]。

在邻避冲突事件中，以反对"PX"项目行动为代表的环境维权群体性事件频发，成为当代中国群体事件的显著特征。[③] 自 2007 年厦门市发生"PX"项目事件开始，成都彭州（2008 年）、大连（2011年）、宁波（2012 年）、昆明（2013 年）、茂名（2014 年）等地相继爆发部分市民反对"PX"项目行动。仅在 2018 年，公开报道的由垃圾焚烧发电项目所引发的群体性事件就达 40 起左右。[④] 邻避冲突事件

---

① 李培林、陈光金、张翼主编：《2019 年中国社会形势分析与预测》，社会科学文献出版社 2019 年版，第 307 页。

② 李培林、陈光金、张翼主编：《2019 年中国社会形势分析与预测》，社会科学文献出版社 2019 年版，第 307 页。

③ 参见樊良树：《环境污染型工程项目建设难点及治理机制——基于三起"反 PX 行动"的分析》，《国家行政学院学报》2018 年第 6 期。

④ 参见李培林、陈光金、张翼主编：《2019 年中国社会形势分析与预测》，社会科学文献出版社 2019 年版，第 307 页。

成为环境群体性事件中发生率高、影响大、处置难的一类特殊事件。随着我国城镇化和工业化进程的加快推进，各类大型公共基础设施的不断新建，重化工项目的纷纷上马，邻避冲突事件发生的风险不降反升，防控的压力显著加大。

（二）环境公共服务供需矛盾仍然比较突出

环境生态的破坏、生产生活排污、危化企业生产运输事故、邻避设施的辐射等，对人们的生产生活环境、身体健康造成现实或潜在的危害和不利影响。如何为人民群众提升环境质量和环境安全感，本质上是一个环境公共服务问题，提供环境公共服务是各级政府的一项重要职能，享受环境公共服务是人民群众的基本权利，已被纳入政府基本公共服务体系，但由于种种原因，在实际工作中环境公共服务供需矛盾问题仍然比较突出。

1. 人民群众对环境公共服务的需求日益增长

党的十八大指出，我国社会主要矛盾已经转化为人民日益增长的美好生活需要和不平衡不充分的发展之间的矛盾。人民对美好生活的需要，就包含了对良好生态环境的需要，环境就是民生，青山就是美丽，蓝天就是幸福，"良好的生态环境是最普惠的民生福祉"[1]，良好生态环境不能缺少环境质量和环境安全保障。随着人民群众的基本物质生活得到满足后，他们从过去"求温饱"到现在"盼环保"，从过去"求生存"到现在"求生态"，希望吃得放心、住得安心，希望获得更好的宜居宜业的生态环境。[2] 随着人民群众的需求不断从量向质升级发展，他们对环境公共服务的需求也有更高的要求，而且日益多元化、个性化。回应人民群众对环境公共服务的新需求，提高人民群众在环境方面的安全感、幸福感和获得感，是党和政府应尽的重要职责。

① 李培林、陈光金、张翼主编：《2019年中国社会形势分析与预测》，社会科学文献出版社2019年版，第298页。
② 参见全国干部培训教材编写组：《推进生态文明 建设美丽中国》，人民出版社、党建出版社2019年版，第2页。

2. 环境公共服务供给不平衡、不充分的问题依然突出

一方面，人民群众对环境公共服务的数量与质量的双重要求都在不断提高；另一方面，环境公共服务供给的短板、弱项仍然存在。2018 年 5 月 18 日，习近平总书记在全国生态环境保护大会上指出："总体上看，我国生态环境质量持续好转，出现了稳中向好趋势，但成效并不稳固。生态文明建设正处于压力叠加、负重前行的关键期，已进入提供更多优质生态产品以满足人民日益增长的优美生态环境需要的攻坚期，也到了有条件有能力解决生态环境突出问题的窗口期。"① 由于主客观因素以及历史和现实因素的综合影响，我国"城乡区域统筹不够，新老环境问题交织，区域性、布局性、结构性环境风险凸显，重污染天气、黑臭水体、垃圾围城、生态破坏等问题时有发生"②。

然而，有的地方政府和企业对生态环境保护工作思想认识不到位、责任落实不到位、重经济发展轻环境保护，导致经济社会发展同生态环境保护的矛盾突出，导致城乡之间、区域之间的环境公共服务供给不平衡。种种情况表明，面对人民群众对优美、安全生态环境需要的日益增长，面对人民群众对环境公平正义的诉求的不断提高，我们的供给能力和水平还不能满足需求，并且将长期滞后于需求的增长，供需矛盾难以在短期内得到根本解决。

二、环境群体性事件合作治理的基本思路

面对环境群体性事件的特殊性及其多发带来的巨大挑战，必须创新治理思路。首先，需要立足于源头治理，消除或减少发生环境群体性事件的根源性因素，更加注重治本之策。其次，需要有较强的应急

---

① 《习近平出席全国生态环境保护大会并发表重要讲话》，2018 年 5 月 19 日，见 http：// www. gov. cn/xinwen/2018 – 05/19/content_ 5292116. htm。

② 李培林、陈光金、张翼主编：《2019 年中国社会形势分析与预测》，社会科学文献出版社 2019 年版，第 305 页。

处置能力，面对即将或业已发生的环境群体性事件，能够有效应对，避免事件的发生或最大程度减少损失和危害。本研究使用"治理"概念，而非传统的侧重事发处置的"应急管理"概念，正是基于全过程的治理思想，强调环境群体性事件标本兼治的思路。

（一）基于生态环境保护的源头治理思路

如前所述，环境群体性事件的成因，有极其复杂的综合因素，从这些因素与事件发生的关联度和影响程度来看，可分为根源性因素与非根源性因素。所谓根源性因素，是指产生环境群体性事件的基础性、本源性因素。非根源性因素又称为诱发性因素，是指出现根源性因素后，容易直接引发环境群体性事件的各种刺激性因素。调查发现，大部分环境群体性事件，是由现实和潜在的环境污染危害问题所致，折射出生态环境保护和治理方面的深层次问题。因此，环境群体性事件的治理思路，不仅要消除各种非根源性因素，还要重视对根源性因素的把控，从战略和长远高度，加强源头治理，把治本放在首位。

1. 大力推进生态文明建设

大力推进生态文明建设，就是要提升生态环境质量，建设美丽中国。只有生态环境质量的改善才能从源头上预防环境污染导致的环境群体性事件。党的十八大后，生态文明建设纳入中国特色社会主义事业"五位一体"总体布局，明确提出"美丽中国"的生态文明建设总体目标，为我国生态环境保护工作提供了思想基础和根本遵循。大力推进生态文明建设，就要认真贯彻习近平生态文明思想，坚持"绿水青山就是金山银山"的生态文明理念，加快建设系统完整的生态文明制度体系，构建全社会共同参与的绿色行动体系，"基于我国国情和发展阶段，协同推动经济高质量发展和生态环境高水平保护，必须统筹兼顾、标本兼治，在提高环境治理能力上下功夫"①。深化生态环

---

① 国务院研究室编写组：《2019 政策热点面对面》，中国言实出版社 2019 年版，第 174 页。

境保护管理体制改革，加快构建生态环境治理体系，不断提升治理能力。继续改革创新生态环境治理方式，转变唯 GDP① 的经济增长方式。唯有如此，才能实现美丽中国的建设目标，环境群体性事件才能从源头上得到最大程度预防。

2. 将生态环境治理体系纳入国家治理体系建设统筹推进

生态环境治理，担负着保护国家生态环境安全，维护人民群众长久的环境权益的重要使命。生态环境治理体系，是国家治理体系的有机组成部分，二者相互依存和支撑。生态环境治理体系建设，不能孤立推进、各自为政，必须在国家治理体系建设的总体布局中统筹规划和实施，并保持同步协调发展。要在实现国家治理体系现代化的进程中实现生态环境治理体系现代化，通过生态环境治理体系建设和治理能力的提升，进一步提升生态环境质量，为实现"美丽中国"宏伟目标奠定坚实的基础。

3. 加强政府的生态环境保护职能

生态环境保护是政府的一项重要职能，在过去相当长时期内，政府生态环境保护职能碎片化，履职不到位，严重影响了生态环境保护。党的十八大后，政府的生态环境保护职能不断加强，如在 2018 年深化党和国家机构改革中，新组建了各级生态环境保护部门。2018 年 6 月，《中共中央国务院关于全面加强生态环境保护坚决打好污染防治攻坚战的意见》发布。党的十九届四中全会提出了政府的经济调节、市场监管、社会管理、公共服务、生态环境保护五大职能，这是生态环境保护职能首次被列入政府基本职能序列，标志着政府生态环境保护职能得到进一步强化。加强政府生态环境保护职能，是提升生态环境质量的重要保障。各级政府要在同级党委领导下切实履行生态

----

① GDP：是英文"Gross Domestic Product"的缩写，译为"国内生产总值"，是指按国家市场价格计算的一个国家（或地区）所有常住单位在一定时期内生产活动的最终成果，常被公认为是衡量国家经济状况的最佳指标，反映了一国（或地区）的经济实力和市场规模。

环境保护的主体责任，有效处理好发展与保护的关系。要建立健全不同层级不同部门的生态环境保护责任清单，形成发展部门、生产部门和行业部门守土有责、分工协作、共同发力的协同治理新格局。要将生态环境保护的考核结果作为领导班子和领导干部综合考核评价、奖惩任免的重要依据。

（二）基于环境群体性事件防控的应急管理思路

从源头上开展生态环境保护和环境污染治理，目的是为了减少生态环境问题和生态环境事件的发生，具有长期性、常态性特点。这虽有治本之功能，但是，源头治理也不能完全杜绝环境群体性事件的发生，加之我国环境保护工作"欠账"较多，长期积累的环境问题难以在短时间内全部解决，引发环境群体性事件的各种因素依然存在，因此，还需抓好各类环境群体性事件的预防与处置工作，这就是应急管理工作，以实现源头治理与应急管理相结合。环境群体事件发生前的预防，虽然也具有源头治理性质，但不同于前面所述的生态环境保护，而是指对可能直接引发环境群体性事件的各种环境安全风险的管控，从现代大应急理念来看，应急管理也应该包括预防与事发处置两个阶段。

1. 扩大公众有效参与环境治理和环境项目的决策

这里的环境治理决策，是对涉及环境规划、环境保护、环境政策制定、环境污染治理等事项决策的统称。环境项目决策，是指对具有环境安全敏感性的一些公共基础设施、重大工程类项目的立项决策，包括项目决策前的环境影响评估和社会稳定风险评估。公众参与环境治理决策和环境项目决策，是科学化、民主化决策的需要和标志，有助于聚民智、汇民意，保障公众的知情权、表达权、监督权，以及回应公众的环境诉求。大量经验教训表明，公众参与环境治理决策和环境项目决策，对于消除环境矛盾纠纷，防范环境群体性事件具有重要的预防作用。

从我国公众环境参与实践看，相关法规和制度逐步健全，地方政

府和项目建设单位出于程序合法和规避责任的需要，一般不会拒绝公
众参与，公众参与的权利基本能够得到保障。如果说还有问题，最突
出的问题则是参与的形式化较为明显，具体表现为：参与公众的代表
性、广泛性不够；公众参与时机滞后，不少在环境群体性事件发生
后；重参与过程而轻参与效果。这种形式化的参与反映了公众参与的
有限性，没有起到及早发现问题、回应公众诉求、化解矛盾的作用。
这就不难理解，为什么一些被地方政府和企业宣布为低风险的项目，
一些公众高票通过的项目，开工之日就是被抵制之日。因此，公众参
与环境治理决策和环境项目决策，亟待解决的问题是提升参与质量和
有效性。

2. 健全环境信访制度化解环境纠纷

环境信访是有关环境问题的来信来访，是由环境信访人通过特定
的信访途径，向环保部门提出建议、意见或投诉请求，并由环保部门
处理的活动。环境信访是"一种行政性纠纷解决机制，属于行政救
济，即国家行政机关或准行政机关所设或附设的非诉讼纠纷解决程
序，也可以理解为行政性权利救济"[①]。尽管环境信访不是解决环境纠
纷问题的法治途径，但却是不可或缺的回应信访人（自然人、法人）
环境权益的一种重要制度安排，其显著的功能就是发挥"社会安全
阀"的减压作用，预防环境群体性事件的发生。因为通过环境信访，
一方面有助于加强公众对环保部门工作的监督，增强环境保护工作民
主性；另一方面可将各方利益主体聚集起来，促使利益冲突各方交流
沟通，了解争议和各方利益诉求，减少环境污染受害者与环境污染责
任者之间的矛盾纠纷。环境污染和生态破坏有一个形成过程，这是矛
盾纠纷集聚过程，也是信访开始的过程。

从调研发现，在一些地方，不少环境群体性事件发生前经历了一
个信访阶段。有的信访问题长达数年未得到解决，信访人因此走上通

---

① 冯露、张帆：《信息化背景下的环境信访制度研究》，见刘智勇主编：《社会安全与危机
管理研究》，人民日报出版社 2018 年版，第 225 页。

过集体抗议手段解决问题之路，小的矛盾纠纷最终酿成大规模的群体性事件，"不闹不解决，小闹小解决，大闹大解决"成为一些人维权的思维定式。环境信访，本来是信访人通过制度化渠道主动把问题送上门来，这可为地方政府及有关单位及早发现问题，了解信访人诉求，把矛盾纠纷化解在萌芽状态提供难得的机会，也可为环境群体性事件的防控提供"缓冲"的时间"窗口"，但是信访机制的失灵，使环境群体性事件失去了最后一道"防火墙"。因此，健全环境信访制度，发挥环境信访的预防功能，提前化解环境矛盾纠纷，是环境群体性事件治理的一个重要举措。为此，一要更新环境信访理念，二要填补环境信访立法空白，三要完备环境信访机制，四要推进信访平台网络化并完善环境信访信息公开。[1]

3. 加强环境科普宣传和安全风险沟通

邻避设施一般有不同程度的风险敏感性，"特别是垃圾焚烧发电、石化、涉核项目等邻避效应突出，触点多，燃点低，管控难，极易引发群体性事件"[2]。因此，加强环境科普宣传和安全风险沟通，帮助公众树立科学的风险认知，有助于防范邻避冲突事件。进入 21 世纪后，一些地方拟建和在建的不少邻避设施遭受公众质疑、抵制，有的邻避设施尚未开工即夭折，有的设施开工后就被迫暂停甚至宣布永久性停建，邻避设施建设陷入"一闹就停"的严重困境。其原因主要在于公众对邻避设施的安全性深感担忧。但事实上不少邻避设施的安全风险较低，可防可控，对环境安全和公众身体健康不构成什么威胁和影响。既然如此，为何公众还对邻避设施的安全性如此担忧？这是因为公众对邻避设施的风险认知存在偏差，过度放大风险，以致产生恐惧感。对于那些确实存在较大安全风险的邻避设施，不能为了

---

[1] 参见冯露、张帆：《信息化背景下的环境信访制度研究》，见刘智勇主编：《社会安全与危机管理研究》，人民日报出版社 2018 年版，第 245—249 页。

[2] 李培林、陈光金、张翼主编：《2019 年中国社会形势分析与预测》，社会科学文献出版社 2019 年版，第 307 页。

顺利上马而掩盖淡化安全风险，误导欺骗公众，应该重新选址或加大安全风险防范力度，确实不具备安全保障条件的设施必须停建。但是，对于那些风险低且风险可防可控的邻避设施，如果因为公众暂时的不理解和抵制就轻易放弃，也不是正确的处理办法。因为有些设施项目是国家重大工程项目，是利民的公共基础设施，不能没有"安身"之地。积极有效的办法就是改变公众态度，消除他们的风险认知偏差。

消除公众风险认知偏差的手段之一是加强与公众的风险沟通，帮助公众能理性客观地看待风险，消除公众的邻避情结，进而放心接受邻避设施。但是，不少邻避设施，涉及比较专业的物理、化学、生物等科学知识，而普通公众的科学素养普遍不高，在风险沟通方面存在很大的困难，这就需要首先进行有效的科普宣传，形成"科普宣传—风险沟通—风险认知"的邻避风险治理路径。环境科普宣传是前提，风险沟通是手段，风险认知是结果。①

4. 及时充分公开环境信息

这里所谓的环境信息，是对环境发展规划信息、生态环境问题信息、环境安全监测信息等诸多信息的统称。保障公众环境信息知情权，是地方政府和企业的职责，除法律规定不能公开的环境信息外，无论属于何种性质的环境信息都应该及时充分公开。环境群体性事件之所以发生，与有的地方政府和企业的环境信息未及时充分公开造成透明度不高直接相关。"由于信息不公开、信息不对称及公共信息渠道的缺乏，导致公众的心理失衡，这就成为邻避冲突产生的一个导火索。"② 调查发现，在一些地方，甚至出现邻避设施开工建设时附近居民还不知情，缺乏信息公开和事前沟通，激起居民强烈不满，以致爆发大规模的抗议活动。

大量正反两方面的案例表明，环境信息是否及时充分公开，对环

---

① 参见刘智勇等著：《邻避冲突治理研究》，电子科技大学出版社 2017 年版，第 82—86 页。
② 刘智勇等著：《邻避冲突治理研究》，电子科技大学出版社 2017 年版，第 50 页。

境群体事件的发生以及发生后的有效处置有很大影响。事件发生前，信息不公开、不透明，没有与公众及时沟通并达成共识，成为环境冲突事件的导火索；事件发生后，还继续"捂着"，隐瞒真相，或者被动有限公开。于是形成一个怪圈：事发—隐瞒—瞒不住—谣言四起—被迫公布真相。更为严重的是，有的地方政府和企业还封锁、控制危机信息，对采访记者围追堵截，阻止干扰记者采访，对网络上的批评言论封堵删除，对民间传播的真实信息予以否认，助长"官谣"滋生。在自媒体时代，企图封锁信息已经不可能，与其最后被动公开，不如及时主动公开。否则，将使自身的公信力降低，事态升级失控，给处置工作带来更大困难。

环境信息公开透明，是环境群体性事件治理的重要手段，贯穿环境群体性事件治理的全过程和各方面，诸如公众参与、安全风险沟通和科普宣传等。信息公开的核心要义：一是及时快捷。第一时间公开，越早越主动，务必抢跑在谣言之前。二是充分而坦诚公开。避免选择性公开，避免报喜不报忧，避免含糊其辞和遮遮掩掩，避免"善意"的谎言。三是借助权威的第三方公开。除自身作为信息公开方外，还要善于借力，通过权威专家、媒体和机构公开，增强信息可信度。四是动态公开。根据环境群体性事件发展出现的新情况，随时滚动发布信息，及时回应舆论热点和公众关心的问题，不要待问题真相全部查实清楚后才集中一次性公开。

5. 构建多元主体合作治理模式

治理模式是治理主体行为的一般方式，是对具体治理方法和手段的概括，具有一般性、简单性、重复性、结构性、稳定性、可操作性的特点。治理模式是否科学合理，直接关系到治理的效能。如前所述，在我国已有的治理实践中，出现了三种典型治理模式：单一主体治理模式、多元主体协同治理模式、合作治理模式。这三种治理模式各有其优劣，相对而言，合作治理模式更适合环境群体性事件的治理需要。在环境群体性事件治理中开展合作治理，需要把握好以下三方面的要求：

　　坚持各参与主体地位平等。在环境涉事问题上，参与主体一般有地方政府、企业、公众、媒体、环境社会组织等，核心主体是问题的责任方和利益受损方。主体地位平等是合作治理的基础和前提，政府组织作为行政机构，在行政管理活动中，拥有公共权力，是领导者、管理者、组织者、协调者，但在涉及利益纠纷和权利诉求时，政府组织与其他主体都是平等的民事主体，即所谓的法律面前人人平等。因此，在民事关系中政府组织、企事业单位和普通公众都处于平等地位，只有各方平等对话，合作治理才有政治基础。

　　坚持治理手段的平等和民主。参与主体地位平等，意味着任何一方不能采用命令与压制类手段，合作治理的手段应该是平等的、民主的，法治与德治是合作治理的两种基本手段。法治手段虽然具有刚性或强制性，但并不排斥平等参与，因为对各参与主体的要求是相同的，法律面前人人平等，法治恰恰避免了人治可能造成的不公平，是维护各参与主体权利和义务的重要保障，有助于各方在法治轨道上解决共同面临的问题。德治同样不可缺少，合作治理具有较强的自主性，需要各方通过协商沟通解决问题，这对各参与主体的道德素养和参与能力提出很高要求，各参与主体只有具备自律意识和精神，具备包容和诚信的品质，才能在法治基础上，实现自己的问题自己商量解决。

　　坚持各方互利共赢。各参与主体本着权责对等原则，以追求利益的最大公约数，获得各自合理利益为目标，这是可持续合作治理的基础。如果某一方以自身的强势地位，通过牺牲对方利益而获得自身利益最大化，不可能真正化解环境群体性事件，即使事件得以平息也是短暂的，治标不治本。以往实践中存在两种极端情况：一方面，有的地方政府对那些污染严重的缴税大户企业比较偏袒，对利益受损方多年的反复诉求敷衍塞责，使矛盾激化而引发群体性事件。另一方面，在那些程序合法、安全风险低并获批的邻避设施遭到抵制时，有的地方政府为了所谓的"维稳"需要，轻率采取停建的消极做法，使企业或项目建设单位的合法权益受到损害，这同样是不可取的。两种片面做法都与合作治理思想相背。

6. 推进环境应急管理体系和能力现代化

环境应急管理体系和能力现代化，是我国应急管理体系和能力现代化的重要组成部分。习近平总书记在 2019 年 11 月 29 日主持中共中央政治局第十九次集体学习时强调："要发挥我国应急管理体系的特色和优势，借鉴国外应急管理有益做法，积极推进我国应急管理体系和能力现代化。"① 环境应急管理承担着环境安全保护的重大责任，推进环境应急管理体系和能力现代化，不仅是实现国家应急管理体系和能力现代化的有力支撑，也是提升环境群体性事件治理水平的现实需要。

习近平总书记指出："要有效防范生态环境风险。生态环境安全是国家安全的重要组成部分，是经济社会持续健康发展的重要保障。要把生态环境风险纳入常态化管理，系统构建全过程、多层级生态环境风险防范体系。"② 我国环境领域的安全形势比较严峻，各类由环境污染和邻避设施引发的环境群体性事件呈现多发的趋势，而且数量将长期处于高位状态，这意味着我国环境应急管理工作具有常态化的特点。因此，推进我国环境应急管理体系和能力现代化，绝不是权宜之计，绝不是阶段性的专项工作。要以全新的理念和思维方式，站在生态文明建设和社会安全稳定的全局和长远的战略高度，立足于防范和化解重大环境群体性事件的需要，针对现有短板、漏洞、弱项，加快推进我国环境应急管理体系和能力现代化。

环境应急管理体系和能力现代化，是相互联系和支撑的两个方

---

① 《习近平主持中央政治局第十九次集体学习》，2019 年 11 月 30 日，见 http：//www. gov. cn/xinwen/2019 – 11/30/content_ 5457203. htm。

② 《习近平出席全国生态环境保护大会并发表重要讲话》，2018 年 5 月 19 日，见 http：//www. gov. cn/xinwen/2018 – 05/19/content_ 5292116. htm。

面。就环境应急管理体系现代化而言，需要继续完善以"一案三制"为核心的内容建设。"一案"，即指环境应急管理预案，包括总体应急预案、专项应急预案，以及各层次应急预案。完善环境应急管理预案，就是要构建横向与纵向有机结合的环境应急管理预案体系，提升预案体系的科学性和指导性。"三制"，即指环境应急管理体制、环境应急管理机制、环境应急管理法制。完善环境应急管理的"三制"，就是要进一步提升应急管理体系的整体性、协同性和韧性。就环境应急管理能力现代化而言，需要着力加强核心能力建设，包括应急科技支撑能力、依法应急管理能力、多元主体协同合作能力、应急资源综合保障能力、社会动员组织能力。此外，对于能力现代化，还需要构建科学的指标体系，为环境应急管理能力现代化的测评和建设提供依据。总之，环境应急管理体系是能力现代化的载体和依托，能力现代化是环境应急管理体系建设的目标和结果，要促进二者形成良性互动，共同提升环境应急管理体系和能力现代化的水平。

第二章　我国环境群体性事件
治理模式的变迁

　　环境群体性事件治理模式，是对环境群体性事件治理理念、体制、手段等多种要素的高度概括，是一种特点明显、结构相对稳定、可复制借鉴的行为范式。在我国，环境群体性事件治理模式具有历史性和实践性，产生于特定的时代背景和社会环境，与政府的职能模式和社会的治理模式变迁密切相关。从我国实际情况看，环境群体性事件的治理理念、体制、手段等一直处于不断发展变化的过程中，形成了三种基本的治理模式。

第一节　政府单一主体治理模式及局限

　　政府单一主体治理模式形成于中华人民共和国成立初期，直到20世纪80年代改革开放前一直居于主导地位。中华人民共和国成立后，国家的主要任务是尽快恢复发展国民经济，巩固新生的人民主权，要求行政体制和政府职能都必须服务于这一中心任务，必须全国一盘棋，集中力量办大事，由此形成了权力高度集中的行政体制和"全能型"的政府职能模式。政府全面直接管理企业和一切社会事务，成为社会治理的绝对主导者。在这一时期，虽然尚未出现"环境群体性事件"概念，但是在环境领域，因环境破坏和污染引发的各种矛盾纠纷甚至冲突事件同样存在，在解决的方式上表现出显著的政府单一主体治理特点。

一、政府单一主体治理模式形成的背景

中国在从传统社会向现代社会转型发展的过程中，伴随着经济结构和社会结构的变革，各类社会矛盾问题开始暴露并出现新的特点。环境群体性事件就是环境利益矛盾激化的表现形式，是我国经济和社会转型中各类社会问题、现实矛盾、体制机制缺陷在环境领域的综合反映。不同的环境群体性事件治理模式是不同时期社会治理模式的映射，与当时社会治理的指导思想、特点、手段等具有内在联系。

（一）"全能管制型"的社会治理模式

中华人民共和国成立初期，我国所形成的具有军事化特点的政府管理体制，在整个社会管理结构中，表现为严格的上下级关系，遵从管理与服从的单向关系，对我国社会治理模式的形成有较深的影响。在长期的社会主义计划经济时期，行政权力高度集中是国家权力结构的主要表现形式，单位组织成为基本的社会治理单元，单位制不仅是与人们工作、生活、分配相关的制度，也是基层社会的主要治理制度。

在单位制为主导的时代，社会秩序在一个个单位细胞中稳固。单位不仅为员工提供食品、住房、医疗、教育、休闲等基本生活保障，也为员工提供发展的机会。在此基础上，单位是各类矛盾的缓冲区域，单位内部人与人之间、个人与单位之间的矛盾都由单位协调解决，不同单位员工之间的冲突也由单位出面化解。单位全面管理员工是政府无所不包的职能体现，政府权力自上而下贯穿到每一个单位、每一位公民的生活中。单位制在维护社会稳定、维持良好治安环境方面具有无可替代的作用。无所不管的政府职能定位将地方政府置于社会管理的绝对主体地位，地方政府对社会的全面管理是政府职能的扩张体现，"管控"是政府与社会互动的关键词。在这种以单位为基础的"全能管制型"的社会治理模式下，社会自组织机制缺失，社会活力低下，国家通过意识形态、政府组织架构和干部管理对社会生活进

行全方位管理，形成"强政府—弱社会"的结构关系。

"全能管制型"的社会治理模式是政府单一主体治理模式在社会领域的必然反映。中华人民共和国成立之后只有将强有力的国家权力渗透到社会各方面才能重构国家与社会关系，才能巩固新生的人民政权、快速恢复发展国民经济，才能解决新旧思想、新旧制度互相抵抗、排斥所产生的社会危机。政治学者邹谠最早在中文语境下提出了"全能主义"概念，他认为，"全能主义"是一种指导思想，即政治机构的权力可以随时地、无限制地侵入和控制社会每一个阶层和每一个领域。① "全能主义"概念是一个中性的表达，体现的是国家介入社会的权力现象。因此，政府单一主体治理下形成的"全能管制型"社会治理模式，可以被认为是政府行政权力广泛地介入社会各个领域，行政机构包揽了政治、经济、社会的绝大部分事务，政府是社会治理的主角，社会组织更多以客体的角色存在。

（二）"维稳"理念的推动

维护社会稳定即通常所谓的"维稳"，是中国语境下特有的一个政治概念，一直以来是国家的职能体现，是国家最重要的政治议程之一。在中华人民共和国成立后，维护国家政权的稳定成为首要的政治任务，也是政府重要的政治职能、安全职能。改革开放后，随着我国经济体制、社会结构等方面逐步发生深刻变化，诱发社会不稳定的潜在因素增多，以及挑战政府权威的事件时有发生。在我国，全心全意为人民服务，是党和政府的根本宗旨，维护社会的和谐稳定在政治理念和实践中都具有合理性、迫切性。党和国家充分认识到了社会稳定问题的重要性，逐步建立相关机构加强维稳工作。中共中央1990年3月决定，恢复设立中共中央政法委员会；1991年2月，中共中央成立中央社会治安综合治理委员会，与中共中央政法委员会合署办公。在中共中央政法委员会的领导下，各级维护稳定工作领导小组及其办公

---

① 参见鲍俊逸：《回到"全能主义"概念本身——基于中国政治学语境下的讨论》，《中共南京市委党校学报》2017年第1期。

室、各级社会治安综合治理领导小组及其办公室相继建立健全。各级党委政法委员会是本级党委领导和管理政法工作的职能部门，其中一项重要职责就是创新完善多部门参与的平安建设工作协调机制，协调推动预防、化解影响稳定的社会矛盾和风险，协调应对和妥善处置重大突发事件。随着各级维护稳定工作领导小组及其办公室的设立，维稳工作得到进一步加强，为实现稳定目标，将上访数量、群体性事件数量等纳入考核体系，维稳工作实行"一票否决"，维稳工作上升为地方党委和政府的第一责任，维稳指标被层层分解加码，使基层维稳压力逐级加大。维稳的高压导致维稳工作泛化和异化，影响稳定的因素被扩大化，有的地方政府和单位，为了降低信访量和群体性事件数量，有时采取"截访""拦访"等非正常手段，对潜在的不稳定因素实行压制措施，使一些群众和社会组织的正常利益诉求难以得到有效回应和满足。

环境群体性事件通常是因民众的环境利益受损、维权渠道不畅而发生的，群体性事件概念自出现之初就与社会稳定、社会治安紧密相关。从学界明确使用"群体性事件"概念的研究来看，最早的文章是1994年发表的《竭尽全力稳定治安》，该文指出："1994年社会治安形势严峻，表现之一是影响社会稳定的群体性事件增多。"[1] 进一步查阅1994年的刊发文章发现，多数文章发表在公安部门主办的刊物或相关院校的学报中。例如，《关于妥善处置群体性事件维护社会稳定的思考》刊发在《山东公安丛刊》上，《市场经济条件下人民内部矛盾和群体性事件及其处置》刊发在《公安研究》上。这表明当时人们对群体性事件的性质认定还局限于社会治安层面，在实际工作中，群体性事件的处置自然由公安部门承担主责，尚未认识到群体性事件形成原因的综合性、复杂性，需要多元主体共同参与治理。

---

[1] 本刊评论员：《竭尽全力稳定治安》，《人民公安》1994年第5期。

防范和化解群体性事件是维稳工作的重要任务之一，在维稳的思维定式下，有的地方政府和单位比较急功近利，追求表面稳定，缺乏立足长远解决深层次矛盾问题的动力，习惯依靠自身掌握的公共权力单方面实现对社会矛盾冲突的快速管控，社会治理系统封闭，手段单一，吸纳社会主体参与不够，使多元主体协同、合作治理模式难以形成。

（三）环境维权抗争活动逐步兴起

国内学界对环境群体性事件的关注和研究可以追溯到 20 世纪 80 年代末，1989 年赵永康、曾昭度分别出版《环境纠纷案例》《环境纠纷案件实例》，收入 20 世纪 60 年代至 80 年代末发生的 200 多起环境纠纷案例，主要包括因水污染、大气污染、固体废物污染、噪声污染、动植物伤害所引起的环境纠纷事件，部分纠纷事件还引发了一定地域内的小规模群体性事件。虽然直到 20 世纪 80 年代末国内学界和实务部门还未正式使用"环境群体性事件"概念，但此前不同程度和规模的环境纠纷甚至环境群体性事件却早已出现。自 20 世纪 80 年代初开始，随着我国经济的高速增长，环境污染和生态破坏问题日益突出，并且由于大众媒体的管理比较宽松，环境群体性事件不断曝光，纷纷进入公众视野。特别是到了 20 世纪 90 年代中期，随着我国城市基层治理体系逐渐从单位制转向社区制，以及城市建设的快速发展和公民权利意识的增强，城市街区不断爆发针对房地产企业或基层政府的市民维权运动，比较典型的事件是，从 1993 年到 2003 年，某市"绿街新村"小区居民发起社区"护绿运动"，以保护街区中心绿地不被房地产开发商侵占，运动断断续续长达 10 年之久。① 这一时期，"环境保护行动""环境维权""集体抗争行动"等术语不断见诸报刊文章、媒体报道。进入 21 世纪后，各类环境维权行动在我国城市和乡村时有发生，并出现一些新特点。

---

① 参见石发勇：《关系网络与当代中国基层社会运动——以一个街区环保运动个案为例》，《学海》2006 年第 3 期。

2007 年前一般被看作是我国环境群体性事件治理的初始阶段，在本阶段环境群体性事件开始成为受广泛关注的社会热点事件，如 2004 年四川沱江流域特大水污染事件，2005 年浙江东阳市的画水镇事件、绍兴市新昌县的京新制药厂群体性事件。

二、政府单一主体治理模式特点

对于政府单一主体治理模式，在理解上不能绝对化，"单一"，并非指"唯一"，意指治理的主体很少，结构简单，政府组织是主要主体，居于绝对主导和权威地位，其他社会主体几乎缺位，即使参与也只起到陪衬作用。政府单一主体治理模式，与其他治理模式相比，具有如下显著的特点：

（一）治理主体的一元性

庞大的社会系统中虽然客观上存在各级各类组织机构，但是，在计划经济时代，受官本位、行政本位思想意识的影响，有的人认为，社会秩序的维护需要一体化的控制结构来实施，以免陷入霍布斯所论及的集体行动困境当中，多元主体参与社会管理，将出现权责的分散，导致社会管理的成本增加，以及各参与者过度追求自身利益而损害公共利益。基于这种认识，地方政府往往出现职能越位，强势介入社会管理各领域、各方面。此外，由于社会组织普遍力量弱小，公众的参与意识不强，也为有的地方政府强化自身权力和职能提供了机会，政府组织容易从其他社会主体中得到出让的权力从而获得较为集中、不可分割、不可随意转让的权力，并且作为绝对拥有集中权力的主体来实施社会管理。因此，主客观因素导致政府单一主体治理模式的形成。在这种模式下，政府主体拥有高度集中的行政权力，代表人民对社会公共事务实施管理，并承担相应的法律责任。其他非经法律、法规授权的社会组织和公众个人，难以行使治理权力，也难以与政府行政机关共同行使治理权力。

在环境治理领域，治理主体的一元性，表现为政府是环境群体性事件治理的单一主体。对群体性事件发展趋势的担忧，以及对群体性事件治理的责任担当，成为政府单一主体治理的合法性基础。2000 年左右，在我国一些地方，有的群体性事件开始朝着组织化、对抗化和规模化方向演变，为避免群体性事件带来的风险转变为局部或全局性的政治风险，党和政府将群体性事件的防控提高到实现国家长治久安的战略高度。基于形势变化和认识的深化，地方各级党委和政府化解群体性事件的领导责任不断被强化。2000 年 8 月，中央社会治安综合治理委员会等五个部委联合下发《关于对发生严重危害社会稳定重大问题的地方实施领导责任查究的通知》（下简称《通知》），《通知》要求：对发生严重危害社会稳定，造成恶劣影响的一些重大刑事案件、治安灾害事故和重大群体性事件的地方、单位及部门，经中央五部委共同研究确定后，对负有责任的领导干部进行责任查究。① 这一要求明确了防范和化解群体性事件的责任主体是地方党政机关、部门和单位的主要领导，强化了他们维护社会治安和社会稳定的责任。

政府作为治理环境群体性事件的单一主体，导致三个方面的结果：一是政府拥有高度集中的决策权。在处置环境群体性事件过程中，或是在环境决策、邻避设施项目上马前，政府决策权高度集中，虽然可以提高决策效率，但难以吸纳各方利益主体参与，降低了决策的科学性和民主性。二是政府拥有对社会全面管理的权力。从中华人民共和国成立到改革开放之前，在全能政府职能模式下，政府权力高度集中，管理着全社会的各类组织和个人，社会主体特别是环保类社会组织、企业对政府产生权力依附性，在处置环境群体性事件中所发挥的作用比较有限。三是政府拥有绝大部分的稀缺资源，不仅有显性的物质资源、人力资源，也有影响各类主体生存和发展的政策资源、信息资源、空间资源。环境群体性事件治理涉及各主体的利益协调，政府充分利用资源优势，在处置群体性事件中有绝对的话语权。

---

① 参见《关于对发生严重危害社会稳定重大问题的地方实施领导责任查究的通知》，2000 年 8 月 8 日，见 http：//www.chinapeace.org.cn/zcfg/2000 - 08/08/content_ 2580. htm。

（二）主客体间关系为命令与服从

政府单一主体治理模式建立在权威性、等级制和以政府为本位的基础上，政府拥有很大的行政权力，在决策过程中具有一元性和单向性，其他社会主体虽然也有参与表达不同意见的权利，但其角色定位更多是政府决定和命令的服从者。在政府单一主体治理模式下，整个治理组织体系的结构简单，政府是核心主体甚至是唯一主体，它是政策制度的设计者、执行者和监督者，集多种角色于一体，其他社会主体，包括企事业单位、社会组织和公众，都是政府管理的对象，是政府的意志和权力支配的客体，客体的角色决定了其必须服从政府的领导和指挥；而且，政府的管理手段也比较单一呆板，最基本的手段是行政手段，主要是通过颁布行政命令，制定政策、措施等形式来实现管理目标，具有权威性、强制性、垂直性、非经济利益性、封闭性等特点。行政手段作为一种经济管理手段，是必要的，也有其优点，但是，如果作为一种社会管理手段或主要的手段，其局限性明显。社会管理的内容主要是政府主体与社会主体、企业主体与社会主体、社会主体与社会主体等多重关系的调整，以及他们之间的利益矛盾纠纷的化解，需要综合运用法律、行政、经济和教育等手段。政府单一主体治理模式决定了在治理手段上偏重行政手段，单一的行政手段意味着以"命令—控制"为主导，一旦发生环境群体性事件，有的地方政府便采用强制性的行政措施来应对，虽然可以暂时阻止事态进一步扩散，但只能"治标不治本"，并未触及事件发生的深层次矛盾，可能还会为更大的社会冲突埋下隐患。

主客体间的命令与服从关系，必然导致"命令—控制"式的社会治理取向，在实践中，有的地方政府往往采取"忽视、压制、赎买三种方式"[1]，对于规模小、冲突不剧烈的环境群体性事件或者尚处于萌芽之中的环境群体性事件，通常比较"忽视"，表现为对苗头性问题

---

[1]　苏鹏辉、谈火生：《论群体性事件治理中的协商民主取向》，《国外理论动态》2015年第6期。

缺乏敏感性，掉以轻心，面对公众的利益诉求敷衍塞责，不及时回应，保持沉默甚至推诿；"忽视"的结果是造成公众不满情绪的积累，使环境群体性事件从萌芽走向爆发阶段。面对事态激化、矛盾冲突全面升级，有的地方政府则简单采用"压制"办法，包括使用警力强制驱散参与者，阻止记者采访报道。"压制"办法在特定情况下使用也是必要的，特别是当环境群体性事件中出现严重扰乱社会秩序和危及公众人身安全的违法行为时，就必须果断地对肇事者进行严惩。例如，在江苏省启东市发生的反对制纸排海工程项目的示威过程中，出现掀翻汽车、捣毁市政府办公室计算机等暴力行为，警方依法抓捕一些违法违规的嫌疑分子是必要且合法的，若不采取严厉的措施控制局面，事态将严重失控升级。但如果"压制"的时机和力度不当则可能适得其反，如有的地方在环境群体性事件尚未出现冲突失控局面时就轻率使用警力，造成参与者与政府部门、警察之间发生冲突。虽然使用"压制"手段可以快速平息冲突事件，但不能从根本上解决冲突背后的深层次问题，因此，"压制"措施要慎用，切忌过早使用和滥用。"赎买"是一种消极不作为的处置手段，有的地方政府和单位，在应对环境上访人员时，不是首先进行积极的疏导沟通，而是无原则地以经济手段换取上访人放弃诉求，获得暂时的"安宁"，其结果导致一些人采用非正常手段过度维权。事实证明，以"忽视、压制、赎买"的方式对待环境群体性事件，不仅无助于矛盾冲突的化解，而且还会产生负效应。

（三）治理方式的运动性

面对社会治理的长期性和复杂性，当常规型治理机制难以在短期内见效时，有的地方政府总希望找到一种"短平快"的治理方式，而"运动型治理机制正是针对常规型治理机制失败而产生的（暂时）替代机制或纠正机制"①。在现实中，当某一社会问题比较严重引发舆论

---

① 周雪光：《运动型治理机制：中国国家治理的制度逻辑再思考》，《开放时代》2012 年第 9 期。

关注，或为了配合某一重大政治任务、重大工作计划的实施，或为了创建某方面的示范城市（试验区）等工作时，常态化的手段难以快速见效，有的地方政府就选择一种超越常态的方式来进行突击、集中整治。例如：在安全生产、社会治安、污染治理、城市风貌整治、创建文明城市等方面，常见的"攻坚战""保卫战"之类的动员和行动，就是运动式治理的典型。运动式治理因为突破常规、集中资源和力量、特事特办，在短时间内确实能够解决一些突出问题，不失为一种必要的治理措施。但是，运动式治理也有治标的局限性，需要与常态化治理相结合，互为补充，不能被滥用、泛化，这种带有鲜明"人治"特点的治理方式，与政府单一主体治理模式密不可分，不断受到社会各方面的质疑和挑战。

运动式治理，有其特定的适用对象和范围，能否在环境群体性事件治理中运用，还需要具体分析，不可简单一概而论。环境群体性事件爆发后，为了迅速控制事态发展升级，果断采取措施，尽早平息事件，以先治标为首要任务无可厚非。但是，环境群体性事件是各种利益矛盾纠纷长期积累的结果，具有深层次的复杂原因，矛盾纠纷的化解、利益的协调、共识的形成，不可能在短时间内通过突击、强制的方式实现。即使冲突事件得以平息，长期积淀的问题未必真正得到了解决，还需要立足于源头治理、系统治理、综合治理，不可急于求成，一劳永逸，试图通过运动式治理来应对环境群体性事件是不现实的。

然而，环境领域的治理方式选择，不可避免受到多种因素的影响，面临各方面的压力。例如：在"稳定是最大的政治任务"的高压下，有的地方政府工作的出发点是力求不出"事"，不被"问责"，"防火""灭火"成为当务之急，完成上级对社会稳定工作的考核成为首选目标。这使下级难以用较长时间去解决那些复杂的系统性改革问题，会不自觉地选择时间短、见效快的运动式治理。在此过程中，治理的合法性基础模糊，对治理尺度和边界的把握具有随意性，为片面追求"快"而出现工作方式简单粗暴，侵害公众的基本权利，激化政府与公众的矛盾。运动式治理之后，如果不再反思过去的工作和完善相关政策制度，继续忽视公众长期积压、层层积累的负面情绪，那么难以避免出现同样的问题，甚至更为严重的问题，使治理难度加大。因此，环境群体性事件的运动式治理的短期效果将以社会长期的安全稳定为代价。

（四）治理结果的刚性稳定

政府单一主体治理模式因运用控制式、运动式手段，必然使环境群体性事件很快被压制而平息下来，表面上"平安无事"，看似很稳定，但却是一种封闭、静态、强制特点明显的社会稳定状态，不可持久，有学者称之为"刚性稳定"，即以暂时不出"事"为特点，忽视社会稳定的韧性。"刚性稳定"将政治统治权力是否受到威胁作为社会是否稳定的最重要的判定参照物，时常演化为依靠国家暴力，采取各种手段压制或打击民众的利益表达。① 首先，刚性稳定在绝对权力维护下产生。在政府作为单一主体进行社会管理的政治环境下，政府合法掌控着行政权力，将公共权力运用于维护社会稳定，为了防范权力分散而威胁行政权力，政府对不同社会主体的利益诉求回应不够，很少吸纳不同社会主体参与到权力运行过程中。其次，刚性稳定在社会管理简单化和绝对化方式中被强化。以维护刚性稳定作为结果，会将所有集体性维权抗议行为视作混乱和无序，甚至将其视为非法行为而采取控制对策，使管理者需要时刻对社会潜在的不稳定因素保持过度敏感，处于高度戒备状态，始终紧绷维稳之弦。再次，刚性稳定是具有"单一"目标特点的稳定。政府作为单一治理主体，常常将协调化解矛盾纠纷视作自身维护社会稳定的重要职责，将维稳与维护国家政权相结合，"维稳"变异为"唯稳"。"唯稳定论"令地方政府陷入

① 参见于建嵘：《从刚性稳定到韧性稳定——关于中国社会秩序的一个分析框架》，北京论坛"文明的和谐与共同繁荣——危机的挑战、反思与和谐发展"会议论文，2009年11月。

社会稳定的焦虑中，难以有效平衡稳定与改革、发展之间的关系，为了实现暂时的绝对稳定这一刚性目标，创新动力不足，不敢进行全面深层次的改革创新，不敢大力推进经济社会发展，甚至为求"稳定"而牺牲发展和改革。没有发展和改革作为支撑，没有民生的普遍改善作为保障，单纯的"稳定"是稳不住的。

在环境群体性事件治理领域，同样需要避免片面追求刚性稳定。不少环境群体性事件的发端是公众对良好环境和健康权益的诉求，是对现实或潜在的环境污染企业的反抗，地方政府本来处于第三方，与冲突事件没有直接关系，但是，公众与企业之间的矛盾纠纷可能威胁社会稳定，一旦冲突事件爆发会影响地方政府的形象，有的地方政府在维稳的高压下，不得不主动直接介入冲突事件中充当干预者、调解者，这使原来的矛盾双方转化为公众与政府之间的矛盾。面对冲突事件，有的地方政府较少使用教育、疏导和沟通的柔性手段，过多采用强制手段以快速实现社会表面平静，完成上级对维稳任务的考核目标，与解决深层次问题相比，这更容易实现刚性稳定的目标。由环境问题引发的群体性事件，与公众对环境公平正义的诉求相关，是对一些地方长期只注重 GDP 增长而忽视环境保护的畸形发展模式的"报复"。追求刚性稳定解决不了产生环境群体性事件的根源性问题，只有对经济、政治、文化、社会等大系统进行综合改革、系统治理，才能实现社会的柔性稳定。

三、环境群体性事件单一主体治理模式的局限

环境群体性事件是社会矛盾冲突的重要表现形式。拉尔夫·达仁道夫认为："现代社会冲突与一些不平等因素有关，这些不平等限制着人们用社会的、经济的和政治手段充分地参与到社会公共活动中去。"[1] 在政府单一主体治理模式下，当环境污染和环境安全问题发生

---

① ［英］拉尔夫·达仁道夫著：《现代社会冲突》，林荣远译，中国社会科学出版社 2000 年版，第 67 页。

后，公众自身合法权益受到侵害，加之维权渠道不畅通，处于利益博弈弱势地位；而地方政府却在环境治理决策、化解社会冲突中处于优势地位，但由于有的地方政府同时充当多种角色，既是调解者又是惩罚者，既是责任者又是考核者，无法保持角色的中立，难免使环境决策失去客观公正性。

（一）政府治理陷入困境

政府作为单一主体治理环境群体性事件是在压力型管理体制、"全能政府"管理模式下形成的，表现出在特定历史背景下对群体性事件处置的特点，有其历史的必然性，也在一定程度上维护了社会的稳定。但进入 21 世纪后，环境群体性事件呈现多发态势，冲突方式的烈度升级，面对社会的民主意识和维权意识的不断增强，政府单一主体治理的有效性受到质疑。

一是社会治理理念偏差。管制型的社会治理制度将上级管理压力逐级下传释放，基层政府承受的维稳压力加大。有的地方政府将"稳定压倒一切"作为工作指导理念，将维稳作为最高政治任务，并将其量化作为考核指标。有的地方政府为了完成考核任务，发布"漂亮"的维稳数据，利用行政权力压制环境群体性事件参与者，实际上是用政府权威来压制公众的利益诉求，忽视公众的合法权利，使公众对社会的不满情绪增加，并将矛头直指地方政府。

治理理念的偏差导致信息公开迟缓、沟通协商不畅。在 2003 年前，群体性事件被视为"影响社会稳定"的负面事件，一般不予公开报道。例如，1987 年发布的《关于改进新闻报道若干问题的意见》第五条要求："重大自然灾害和灾难性事故，应及时做报道。关于地震、气象、洪水等可能造成重大影响的预报或预测，一般不做公开报道，需要报道时，经国务院有关部门授权新华社统一发布。"① 1988 年发布的《关于改进突发事件报道工作的通知》对恶性

---

① 王超群：《改革开放以来我国群体性事件报道回顾》，《青年记者》2012 年第 20 期。

事故的报道要求是："中央新闻单位要抢在境外传媒之前发出报道，但要严守准确性。"[1] 从这两份文件对新闻报道的要求可以看出，群体性事件作为负面新闻事件，其相关信息比较敏感，是要求不向社会公开报道的，加上环境群体性事件爆发的地域点明显，以及当时网络不发达，地方政府特别是基层领导更倾向于第一时间封锁消息。值得指出的是，虽然文件未要求向社会公开报道，但不等于事发地政府不需要在第一时间向上级报告，也不等于不向事件的利益相关者公开透明信息。如果封锁信息、掩盖真相，会给小道消息可乘之机，导致谣言四起，事态升级。

二是政府角色难以定位。不少环境污染问题的直接责任者虽然是企业，但问题发生后相关利益者往往找地方政府解决，地方政府被卷入环境事件的矛盾纠纷中，常常陷入角色困境。拥有高品质的生活环境是公众的基本需求，地方政府有责任为了公众利益保护环境，避免出现"公地悲剧"[2]，当经济发展与环境保护相冲突时，地方政府应该维护公众利益，对环境污染者采取惩罚性措施，切实履行环境保护责任。但在现实中，有的地方政府却面临角色选择的冲突，当公民的环境权益受到严重侵害，请求政府对此加以处理时，政府却往往偏袒污染者，对利益受损者的诉求不理。[3] 例如，2005 年 4 月 10 日，浙江省东阳市画水镇发生一起环境群体性事件，事发前，当地村民在 5 年内四处上访，反映当地化工园区的污染问题，但问题一直未得到解决，显然村民的环境利益和生活权利没有得到当地政府足够的重视。在有的地方，面对企业污染危害当地环境、居民利益时，政府从自身利益和政绩考量，难以切实履行环境保护职责，因为"那些造成环境

---

① 王超群：《改革开放以来我国群体性事件报道回顾》，《青年记者》2012 年第 20 期。

② 公地悲剧：又称哈定悲剧、公共地悲剧，是由加勒特·哈定（Garrit Hadin）于 1968 年在《科学》杂志发表的文章《The Tragedy of the Commons》中提出的，意指公共资源被人们免费过度开发使用，导致公共资源减少甚至枯竭，即发生公共资源的"悲剧"。

③ 参见邓可祝著：《政府环境责任研究》，知识产权出版社 2014 年版，第 307 页。

污染的企业、项目往往是经济增长、利税可观、能为当地政绩‘添彩’的龙头企业，因而也得到了当地政府的大力保护甚至不顾民众身心健康而强行‘上马’”①。政府作为单一主体治理环境群体性事件时，不可避免被卷入各方利益纷争中，可能与关联企业一同站在群众的对立面，充当企业利益的"保护伞"，自然就丧失了调解企业与公众矛盾纠纷的"仲裁者"角色。在治理环境群体性事件中，政府作为单一治理主体，因多重角色集于一身，角色错位或交织，难以清醒认识到自身对公众和社会的责任；在角色选择困境中，难以摆正自身的角色，可能使环境群体性事件的治理失之公正。

治理主体的单一化造成政府角色定位不准，直接影响政府责任的履行。政府单一主体治理模式是政府全面管理社会事务的表现，在传统"官本位"思想、维稳"一票否决"的政绩考核指标的影响下，面对环境群体性事件的发生，有的地方政府首选的方式是管控，依靠"堵"而不是"疏"的手段，扮演冲突"管控者"而不是冲突"调解者"的角色。虽然冲突可以迅速化解，但这只是暂时缓和矛盾的治标之策，而且使地方政府形象受到损害，公信力降低。为了有效治理环境群体性事件，地方政府的角色有待进一步明确，应该站在客观公正的立场上，充当公共利益的"维护者"，以及企业与公众矛盾纠纷的"调解者"。地方政府只有明确自身角色，才能强化对环境保护、环境冲突治理的公共责任，从根源上减少乃至消除环境群体性事件。

三是治理方式违背法治精神。受人治思维的影响，有的地方政府官员对待法律的态度和信念失之偏颇，体现在行使权力时的人治倾向。依法行政是依法治国的具体要求和体现，我国应急管理体系中的"一案三制"包含了"法制"要求，环境群体性事件的治理也同样需要坚持依法治理原则。人治的方式违背法治精神，法治强调用法的精

---

① 姚巧华：《"包容性增长"视阈下环境群体性事件的求解》，《徐州工程学院学报》（社会科学版）2013年第3期。

神和规则去维护人民群众的根本利益，而人治可能走向反面，有的地方领导者仅凭个人的主观意志行事，权力的行使没有任何监督、纠错机制约束，领导者的道德水平成为自律机制。因此，在人治的社会，领导的权威来自于身份、地位的权力分配，治理水平高低取决于领导者的修养、智慧和权术水平。政府作为环境群体性事件治理的单一主体，虽然被相关法律法规赋予了治理的权力，但相关法律法规的内容较为模糊，使政府的自由裁量权被滥用，在法律和自由裁量之间显现人治的空间。例如：《中华人民共和国治安管理处罚法》对不适用于刑法进行判罚的各类治安管理违法行为作出了规定，其中第二十三条界定了五种具有群体性事件特征的违反治安管理的行为，但是，具体内容较为笼统，缺乏可量化依据而难以采取适当的措施。在各种行政执法中，一些执法者在缺乏明确法律法规指导时，往往以自己的标准来裁定，不可避免掺杂个人的主观情感，使执法失去客观公正性。

治理方式的人治偏向形成不良示范，影响社会法治建设。地方政府是治理环境群体性事件的主体，在实践中由于领导者的不同，解决的方法和造成的后果通常情况下存在很大差异，因为在缺乏处理的法律依据时，领导者主要依靠主观判断和经验，人治的解决方式不仅难以解决冲突，反而会使矛盾冲突加剧。调查发现，大多数公众对环境利益的诉求是合情合理的，但也有部分公众存在过分要求，他们希望把事"闹大"，试图用社会舆论影响向政府施压，有的地方政府出于自身形象和社会稳定的考虑作出无条件妥协，产生不良的示范效应，导致无理诉求增长。以"闹"获利的维权思维给依法治理带来严重隐患，影响社会秩序，破坏法治精神，使政府在环境群体性事件治理中陷入很被动的困局。

（二）社会主体存在参与困境

政府单一主体治理环境群体性事件，使政府与社会主体分离，特别是与公众、环保类社会组织分离。在这种治理模式下，政府以其中心地位掌握治理权力，其他主体被边缘化，甚至沦为治理的客体。在政府单一主体治理的封闭状态下，社会多元主体的要求难以通过制度性的途径进入政策议程，社会主体的利益得不到全面体现。在这种情况下的政策输出缺乏社会基础，影响社会治理体系的合理性、稳定性。以公平公正为价值取向的公共政策需要兼顾社会大多数人的共同利益，制度建设的基础需要对社会中相关利益主体的诉求进行整合，从社会无限多样的利益诉求中整合出公共利益。政府单一主体治理模式有时难免对社会主体的利益诉求产生一定的排斥性，消减社会主体参与治理的机会。

一是社会主体参与权利保障不够。在政府单一主体治理模式中，社会主体地位被边缘化，他们有限的参与有时还被看作是无序参与，是在挑战地方政府权威。社会主体有序参与公共治理是社会系统运行合法性的基础，社会主体参与需要政府的引导和规范，需要健全的参与机制，需要制度化、公开化的利益表达平台。这些要求具有协商民主特点，接纳社会主体的参与能够回应他们的利益诉求，在公共决策中体现共同的意志和利益。

政府单一主体治理模式下的决策体系具有封闭性。环境公共决策针对环境污染和环境项目建设对生态系统的稳定性、多样性和持续性可能产生的影响进行预判，本身就是一种具有风险性的决策。但是，在涉及企业的环境公共决策中，政府、企业和环境专家等通过正规法律程序形成决策，有时存在排除一般公众参与的情况。对环境信息公开避重就轻，对建设项目的利好信息予以公开，对有关环境风险的信息不予充分公开，仅仅满足《中华人民共和国环境影响评价法》中对信息公开的最低要求，忽视相关直接利益群体如一般公众、环保组织等主体对项目安全性、环境污染的关切。有的地方政府认为，公众普遍受教育程度低，环境专业知识不足，参与能力有限，因此总是想为他们包办一切事务。单一的政府主体进行环境决策与一般公众参与的缺乏，使政府和公众难以在风险认知上达成共识，并加剧彼此的不信任程度。"当个人或组织感觉到他被排除在决策过程之外或者他的利益并没有得到规制机构的充分考量时，他就会利用任何可能的机会、使用任何可行的工具去轻易地对抗规制机构，包括采取非暴力反抗。"① 一些环境群体性事件之所以发生，就是因为有的地方政府在引进有环境污染风险的项目决策上，搞单向政策输出，举行听证会、论证会形式化，民意收集不充分，象征性地将相关利益主体纳入决策过程中，决策结果难与民意一致。"如果涉及民众利益的公共问题，仅以'通告''告知'的形式'单向度传输'，怎能在信息时代、权利时代赢得民众支持？"② 公众通过有限的途径如上访、司法途径对环境安全风险提出的质疑难以得到回应，即便被回应，在缺乏风险共识基础上也难以消解质疑。公众一旦感受到参与权利被剥夺，加之对环境污染的恐惧，最终将以无序参与的形式反对政府决策。因此，在政府作为单一主体的环境公共决策模式下，相关利益主体的环境利益诉求表达渠道不畅通，利益表达机制不健全，基本环境权益得不到保障，公众以无序方式、过激方式维护环境利益的可能性增大，最后造成政府和社会主体"多输"的局面。

二是社会主体参与空间被压缩。政府作为单一主体治理环境群体性事件，比较突出自身单方面的意志，习惯运用行政命令和强制手段处理矛盾纠纷，对利益诉求者进行管控，"以管制治理替代民主治理、以无限治理替代有限治理、以免责治理替代责任治理、以权力治理替代权利治理、以人治替代法治"③，这使社会主体参与的空间被缩小，利益表达行为受到制约，无疑会加剧政府与社会主体之间的矛盾与不信任。《中华人民共和国集会游行示威法》第七条规定："举行集会、

---

① ［美］托马斯·麦克格莱蒂：《风险规制中的公众参与》，林华译，《公法研究》2013年第1期。

② 金苍：《用什么终结"一闹就停"困局》，《人民日报》2013年5月8日。

③ 崔卓兰、蔡立东：《从压制型行政模式到回应型行政模式》，《法学研究》2002年第4期。

游行、示威，必须依照本法规定向主管机关提出申请并获得许可。"但在实际执行中，公安部门对组织机构类型不明、意图不清的集会、游行、示威活动的申请，出于维护社会稳定的需要，控制很严，一般不会允许。当集会、游行、示威渠道被否决后，如果其他常规的利益诉求表达渠道也缺失，公众就会积聚更多的不满情绪在未来集中爆发，给社会安全稳定埋下严重隐患。社会多元主体期待以正当、合法、理性的渠道与政府互动，并被给予实质性的参与空间。例如，中国环保类非营利组织在 2004 年怒江水电开发保卫战中第一次协同行动和集体亮相，在一定程度上推动了环境公共决策的透明化，激发了社会组织参与环境权益的维护。2007 年，中国开始试点环境公益诉讼，但直到 2010 年，环保组织提起的环境公益诉讼才成功立案，由环保部批准成立的中华环保联合会参与环境公益诉讼尚且如此，那些民间环保组织的参与更加困难。

以政府为单一主体的治理模式，因缺乏开放、合作的空间，使政府在环境问题治理方面拥有很多权力，但对公众、社会组织等参与环境保护与治理的权利只有原则性规定，参与程序和方式的具体操作性不强，难以有效激励和动员社会主体参与到环境监督、环境决策、环境保护中来，相反，却加剧了他们在环境保护、环境治理方面的"政府依赖"。与此同时，那些触目惊心的环境污染、环境事故灾难场面直观地警示人们，环境问题是攸关个人健康、生死的重要问题。如果说日本福岛核电站的事故灾难离中国公众有些遥远，那么我们身边的垃圾填埋焚烧厂释放的二噁英、化工厂排放的污水废气使公众对危害有最直观的感受。这些潜在、慢性的环境污染危害，使公众无不忧虑大气、水体、土壤污染是否会对健康造成损害。但是，公众并未认识到自身就是环境治理的参与者，强烈的政府依赖使他们的环境参与意愿不强，多数行业协会、工会、非营利组织、个体公众还没有完全树立起环境社会共治的意识，也没有认识到自身能够发挥何种作用。另一方面，不少社会组织缺乏独立性，参与环境治理的机会有限，参与能力、治理经验也不足。因此，社会主体在环境群体性事件治理中的地位弱化成为必然。

第二节　多元主体协同治理模式及局限

改革开放后，我国在推进经济体制改革的同时稳步推进政治体制改革，特别是随着政府职能转变持续推进，简政放权的改革力度不断加大，政府、企事业单位和其他社会组织之间的关系逐步理顺并走向制度化；此外，社会组织逐步壮大，在经济社会各领域中的地位逐步提高，发挥的积极作用明显增大，这些都为多元主体格局的形成和发展创造了条件，使社会治理从政府单一主体转向多元主体协同治理成为可能。环境群体性事件的多元主体协同治理模式是在多元主体协同治理思想和实践中形成和发展起来的，有其积极功能和作用，同时也存在一定的局限性。

一、多元主体协同治理模式形成的背景

政府单一主体在环境群体性事件治理中难以回应公众需求，对于日趋复杂的多方利益协调和矛盾纠纷的化解，越来越表现出不适应性和严重的困境，一元主体治理格局向多元主体协同治理格局转变势在必行。多元主体协同治理模式的出现为破解政府单一主体治理困境带来希望，协同治理直指科层制存在的等级制、命令与控制、自上而下单向运行等局限，将层级部门、横向部门之间的边界逐一打破，以跨区域、跨部门、跨层次的多元开放取向重新建构治理结构，高度契合了环境群体性事件治理的内在需求。

（一）多元社会治理思想的发展

多元社会治理思想伴随着我国的改革开放、社会主义市场经济体制的确立以及行政改革的推进而逐步形成和发展，是一个持续不断深化的过程。进入 2000 年后，在我国经济持续快速发展的同时，各种

社会问题也逐渐显露，社会阶层的分化形成、地区经济发展的不平衡、人口的大规模流动、互联网的运用普及、环境污染加重等方面的问题不断出现和叠加，严重影响社会的和谐稳定。为解决社会管理的短板问题，党和政府加大社会管理改革创新力度，2004 年 9 月，党的十六届四中全会通过的《中共中央关于加强党的执政能力建设的决定》指出："深入研究社会管理规律，完善社会管理体系和政策法规，整合社会管理资源，建立健全党委领导、政府负责、社会协同、公众参与的社会管理格局。"① 这是我国社会管理格局在党的文件中的最早、最完整表述，体现了多元主体协同的社会管理思想。2006 年 10 月，党的十六届六中全会通过的《中共中央关于构建社会主义和谐社会若干重大问题的决定》指出："加强社会管理，维护社会稳定，是构建社会主义和谐社会的必然要求。"这是党的文件首次明确赋予社会管理具有维护社会稳定的功能价值，具有重大的现实意义。党的十六届六中全会还明确了社会管理的重点任务："建设服务型政府，推进社会建设，健全社会组织，统筹协调各方面利益关系，完善应急管理体制机制，加强安全生产，加强社会治安综合治理，加强国家安全工作和国防建设。"② 2007 年 10 月，党的十七大决定将经济建设、政治建设、文化建设、社会建设"四位一体"的中国特色社会主义事业总体布局写入党章。"社会建设"比"社会管理"具有更为丰富的内涵，首次与其他几大建设并列，彰显了党对社会管理的认识上升到新的高度。

在这一阶段，社会管理实践创新在全国各地全面推进，对社会管理的目的和价值、社会管理的内容和任务、社会管理的主体和权责、

---

① 《中共中央关于加强党的执政能力建设的决定》，《中国共产党历次全国代表大会数据库》，2004 年 9 月 19 日，见 http：//cpc. people. com. cn/GB/64162/64168/64569/65412/6348330. html。

② 《中共中央关于构建社会主义和谐社会若干重大问题的决定》，2006 年 10 月 11 日，见 http：//cpc. people. com. cn/GB/64162/64168/64569/72347/6347991. html。

社会管理的方式和手段等问题都有了更深入认识，形成了更为系统的社会管理思想，其中包含了丰富的多元主体协同参与的社会管理思想，为多元主体协同治理模式的形成提供了有力的理论思想支撑。

（二）多元主体参与社会治理的诉求加剧

我国社会治理所确定的格局是党委领导、政府负责、社会协同、公众参与，不仅指明了社会治理的多元主体结构，而且还明确了各主体的权责关系，即党委领导是根本、政府负责是关键、社会协同是依托、公众参与是基础，四位一体，不可分割。社会治理理念和实践的创新，激发了多元主体参与社会共治的活力和积极性，也为多元主体参与社会共治提供了体制性保障。

我国在现代化建设不断向前、科学技术迅猛发展的同时，无论是潜在的社会矛盾还是正在凸显的各种社会风险危机都已经成为不可回避的现实问题。在环境领域，自 2007 年厦门市发生部分市民反对"PX"项目事件后，曾有多地发生过在全国有影响的环境群体性事件，在引起社会高度关注的同时，还改变人们对环境权益诉求的表达方式，同时不断影响政府的社会治理模式。面对多发的环境群体性事件，进入公众视野的不仅仅是政府扮演的角色和承担的责任，层出不穷的非营利组织、社会团体也开始参与公共事务治理，展现出较强的参与愿望和不可忽视的作用。

我国在从计划经济体制转向社会主义市场经济体制的过程中，随着民主政治的发展和公众参与意识和能力的提升，公众对自身环境利益诉求表达意愿更趋强烈。原国家环境保护部有关负责人坦言："在中国信访总量、集体上访量、非正常上访量、群体性事件发生量实现下降的情况下，环境信访和群体事件却以每年 30% 以上的速度上升。"[①] 环境信访量的持续攀升，一方面反映了环境问题的严重性，另一方面则反映了公众环境维权意识的提升。"公众激烈的表达背后，

---

① 转引自董亚楠、关欣、白杨：《环境类群体性事件中地方政府的行为模式及归因分析》，《公共管理评论》2015 年第 3 期。

实际上是未被尊重的权利、未被满足的诉求"①。公众在温饱问题基本解决后,他们对非物质、非经济利益的诉求开始增长,并继续转向追求安全、健康、美丽、可持续的生活和工作环境,环境利益上升为新的利益追求。污染超越了环境自净能力的承载限度将产生各类环境问题,现实和潜在的环境问题承载着公众太多的环境焦虑,对环境利益的诉求驱使他们希望通过各种方式参与环境公共事务治理。为满足多元主体参与环境治理的诉求增长,就必须搭建公共参与平台,创新治理模式。

(三) 环境群体性事件的变化对治理模式的新要求

我国经济高速发展和城市化加快推进过程中出现的环境污染恶化、邻避设施安全风险引发的矛盾冲突问题加剧,经过不断积累演变为环境群体性事件,进入 2000 年后开始呈现高发态势。2007 年是我国在环境群体性事件治理,特别是邻避冲突治理方面具有标志性意义的一年。当年厦门市 "PX" 项目事件受到大量新闻媒体、社会各界人士关注,此后激发了各地民众对环境权益的广泛关注,大量抵制 "PX" 项目或其他邻避设施建设的事件不断进入公众视野。有研究者通过新闻报道、网络信息,筛选出 2005—2016 年间所发生的 531 份邻避冲突案例进行实证分析,事件地点涵盖全国 28 个省市。② 这 531 份案例样本虽不全面,但足以说明这一时期国内邻避冲突事件的高发情况。这还可从另一研究者的观点得到印证:从 2007 年到 2011 年,环境群体性事件的上涨趋势十分明显,每年都有数十起较大规模的环境群体性事件发生。③ 这一时期,环境群体性事件在发生地域、诱发因素、利益诉求、动员手段等方面出现新的特点。

---

① 金苍:《用什么终结"一闹就停"困局》,《人民日报》2013 年 5 月 8 日。
② 参见鄢德奎、李佳丽:《中国邻避冲突的设施类型、时空分布与动员结构——基于 531 起邻避个案的实证分析》,《城市问题》2018 年第 9 期。
③ 参见张萍、杨祖婵:《近十年来我国环境群体性事件的特征简析》,《中国地质大学学报》2015 年第 2 期。

在环境群体性事件发生地域上，从高发于农村地区逐步向城市扩散。根据调查收集的环境群体性事件案例发现，一直以来农村地区的环境群体性事件发生率较高，比较典型的事件，如安徽省蚌埠市仇岗村村民从 2004 年到 2008 年持续 4 年反对九采罗化工厂污染事件，以及 2005 年浙江省东阳市画水镇事件等。此外，随着城镇化、工业化的加速发展，城市中的环境群体性事件增多，如 2008 年上海市民反对建设磁悬浮事件、成都彭州市民反对建设"PX"项目事件，2009 年东莞市石竹新花园居民反对建设变电站事件，2011 年南京市民发起梧桐护绿行动事件等。

在环境群体性事件的诱发因素方面，具有从"现实污染驱动"转向"预防抵制"的趋势。最具代表性的案例是对拟建邻避设施的抵制。公众反对的许多重金属污染、工业生产污染是一种既成事实的污染，他们直观感受到了污染并发起环境维权活动，如 2006 年陕西省凤翔县血铅恶性事件、2009 年长沙湘和化工厂镉污染事件等。但在一些地方，诸如垃圾焚烧厂、"PX"项目、核电站、通信基站等邻避设施，还在项目处于申报论证阶段，并未出现环境污染和安全事故的情况下，也同样遭到公众的坚决抵制，这是因为公众对未来生活环境安全风险的担忧而选择事先抵制项目建设。以"PX"项目为例，在 2007 年发生厦门"PX"项目事件后，又陆续发生了大连"PX"项目事件、宁波"PX"项目事件等。又如在建设垃圾焚烧厂方面，2006 年以后发生了多起较大规模的冲突事件，包括北京市六里屯垃圾焚烧厂事件、上海市松江区垃圾焚烧厂事件、广东省番禺垃圾焚烧厂事件等。"预防抵制"成为邻避类环境群体性事件发生的主要原因。

在诉求表达方面，公众从单纯的环境利益表达演化为多种矛盾交织而形成的泄愤。例如，江苏省南通市民抵制王子造纸厂事件，参与者的示威抗议活动最后演变为非理性行为。从大量环境群体性事件看，参与者的动机比较复杂，有的参与者是直接的利益相关者，他们争取自身的环境和健康利益，属于维权性的抗争行为。但也有不少参与者，是与事件无任何直接利益关系的旁观者，他们借机发泄自己对其他方面的不满情绪。此外，在表达方式上，不少环境类群体性事件出现了非理性维权的特点和趋势，对抗性明显加剧。

在组织动员手段方面，从传统的"熟人联络"、传统媒体披露转向利用互联网、新媒体进行组织动员。"熟人联络"是农村地区主要依靠的动员方式，往往是一个村的村民通过人际关系进行动员，而传统媒体披露主要是电视、报纸对环境污染等问题的报道，公众获悉后再通过各种自媒体渠道进一步传播，如 2005 年的圆明园湖底防渗事件的发酵便是通过《人民日报》《南方周末》等报纸媒体扩散的。随着现代通信技术的发展，博客、QQ 群、短信、论坛、微博、微信等新媒体在环境群体性事件的发生、发展中起到了传播、动员的重要作用，如在 2012 年 7 月 2 日，一些人通过微博将四川什邡市拟建设钼铜深加工厂而引发的警民冲突的场面进行直播，冲突事件同时在现实和虚拟社区走向高潮。

可见，环境群体性事件出现的复杂性和不确定性增强的新特点表明，简单依靠政府单一主体治理模式难以应对成因复杂、利益诉求多元、利益表达方式多样的环境群体性事件，仍然采用强硬的控制方式化解已经不再有效，甚至会出现"控制—对抗—再控制"的恶性循环，政府单一主体治理模式的不适应性，促使政府反思传统治理手段和方式，探求新的治理模式，多元主体协同治理模式在一定程度上为破解环境群体性事件治理困局提供了可能。

二、多元主体协同治理模式的特点

环境群体性事件治理的主体，一般涉及多个政府部门，如环保部门、应急管理部门、城乡规划部门、自然资源部门等，同时还涉及社会多元主体，如环保社会组织、企业、环评组织、新闻媒体、行业协会、个体公众等。治理环境群体性事件是为了化解社会矛盾，维护社会的稳定这一公共利益，要以政府部门为主导，吸纳其他利益相关群体进行正式的、共识导向的、协商的集体决策，最终实现社会稳定。多元主体协同治理模式在治理主体、手段、方式和结果方面与政府单一主体治理存在明显的区别，主要显示出以下四个方面的特点：

（一）治理主体的多元性

多元主体协同治理模式与政府单一主体治理模式最显著的区别在于参与主体的多元化、广泛性，该模式打破了政府部门在社会管理和公共服务中的垄断地位，让更多社会力量能够参与共治。在复杂性和复合性特点显著的现代社会治理中，仅靠政府主体"单打独斗"越来越难以应对多维度、多层次的社会问题，只有统筹、聚合、凝聚全社会各方面的资源和力量协同应对，才可能优势互补，形成最大合力，提升治理的效能。我国现代社会治理，不仅强调发挥党委的领导作用、政府的主导作用，而且还注重发挥各种社会组织的协同作用以及公民的参与作用。

我国发展面临的现实问题之一是如何有效预防和化解社会矛盾和冲突，从而使社会保持平稳运行。社会力量在化解社会矛盾中展现出越来越独特的作用，进入 2000 年以后，各类社会组织的数量快速增长，参与能力稳步提升，这与此阶段政府大力培育社会组织密切相关。但应注意的是，政府对社会组织的引导和培育是具有一定边界的，既不是全面管理社会组织的各项事务，也不是放任其无序发展，而要"管""放"有序适度。换言之，在多元主体协同治理环境群体性事件中，政府是决策者、主导者，可以在政策支持、信息和资金保障等方面发挥自身的优势，而其他社会主体如企业、环保组织、工青妇组织、公民则全程参与治理，围绕环境利益协调、环境决策、突发事件处理方式等或建言献策、或提供情况、或表达诉求，发挥辅助作用。

（二）治理主体关系的协同性

伴随社会治理体制的改革创新和协同治理理念的不断深入发展，

以命令、控制为主要手段的具有刚性特点的环境群体性事件治理模式逐步朝着协商、协作的民主化治理模式转变。政府与社会组织、政府与企业、政府与公众等之间相互协调配合，汇聚各方的优势，使社会整体保持稳定有序成为大势所趋。

多元主体协同治理，清楚表明了各主体之间的关系具有协同性，协同意味着各主体地位有主次之别。协同治理仍然强调以政府为中心，其他社会主体根据政府的要求起配合、辅助作用。防范环境群体性事件发生，需要把封闭的环境公共决策系统变革为相对开放的决策系统，充分倾听相关利益主体的声音，吸纳他们的不同意见。地方政府基于引进资本和提高当地 GDP 的需要，会接收像造纸厂、核电站、化工厂等项目落地，尽管在上马每个项目前，地方政府考虑到可持续发展问题，按照环境保护管理制度的有关要求，会对"环评""稳评"报告书草案进行审查、批复，但有的地方政府始终希望获得一种平衡，即用较小的环境影响代价来换取 GDP 的增长、就业率的提高。只有得到广泛支持的环境公共决策和项目建设，才可能避免环境群体性事件的产生。以工程项目建设为例，地方政府或项目建设单位在项目的选址、兴建和运营的决策过程中，一般会采取听证会、论证会、网上讨论、专家咨询、民意收集等方式，力求与多元主体进行良性互动，充分沟通，使项目能顺利通过。但由于种种原因，地方政府组织公众参与比较注重过程和形式，导致参与质量不高和实效性不强，为环境群体性事件的发生埋下隐患。

在协同治理模式下，虽然各类社会主体包括普通公众有机会参与环境公共决策和环境问题的治理，但是，协同的参与者存在主次之别，政府部门与其他主体没有处于平等地位，以政府为主导的"中心—边缘"治理结构，使其他主体难以遏制政府部门的行政失范和侵权行为。在此情况下，社会组织与公众，容易结成共同体，以集体力量与政府部门博弈，而且，个体的非理性情绪会因群体的支持而放大，个体在"成为群体的一员时，他就会意识到人数赋予他的力量，这足以让他生出杀人劫掠的念头，并且会立刻屈从于这种诱惑。出乎预料的障碍会被狂暴地摧毁"①。个体融入群体之中会遗忘个体的社会责任，有不顾一切的冲动，但当群体、个体冷静下来时，会后悔自己的失控行为。总之，在协同治理模式下，不同主体之间存在既"合作"又"竞争"的双重关系。

环境群体性事件发生后，如果公安部门第一时间介入，将明显加剧官民双方的对抗性，使冲突和混乱升级。协同治理要求政府在行动中首先保持理性和克制，避免使用刚性、粗暴的处置方式，特别要慎用警力，善于通过谈判、对话和交流，增进共识和互信，在法治的轨道上化解矛盾冲突，依法维护各方合理的经济利益和环境利益。政府部门或有关单位要尽量满足利益受损者的合理要求，适当作出妥协和让步，以事后救济来进行环境利益补偿，修复公信力。政府部门要教育引导其他主体依法通过正常渠道表达利益诉求，避免采取暴力行动维权。

（三）治理方式的多样性

治理方式是对各种具体的治理手段和方法的概括和统称。政府单一主体治理模式，是一种集权体制下的行政模式，治理主体的单一性决定了治理方式的简单化和"一刀切"，是以命令、控制为主要特点的强制性治理，以追求效率为目标的运动式治理，以自上而下的信息传递为主的单向治理。多元主体协同治理模式，具有现代民主思想的意蕴，在运用适度的命令、控制方式基础上，还吸纳对话沟通、协商、谈判等柔性治理方式。主体的多元意味着不同主体的特点和需求不同，治理方式必然需要多样性，多元主体协同治理拓展了政府单一主体治理方式的单一性，归结起来，集强制性和非强制性两种基本方式于一体，以非强制性方式为主，二者交互使用，共同发力，增强了治理方式的弹性和效能。

_____

① ［法］古斯塔夫·勒庞著：《乌合之众：大众心理研究》，冯克利译，中央编译出版社2000年版，第27页。

强制性的治理方式运用的时机，一般应该在环境群体性事件发生后，而且在事发后沟通协商无效时才适宜采用，以避免事态失控升级，具有"事后性"特点。如果在事发前仅出现矛盾纠纷或事发后尚未出现激烈冲突的情况下，就轻率而过早采取强制性措施，容易加剧参与者的逆反心理，激起强烈的反抗。在强制和威慑下，环境群体性事件的参与者不得不服从和妥协，但这种服从和妥协多数是表面的、暂时的，虽起到了"灭火"作用，但还可能随时"死灰复燃"。治理环境群体性事件是为了维护社会长久稳定，治理方式要有利于"治心"，有理有节，治理的价值导向要平衡经济利益和环境利益，公共利益和私人利益。

非强制性治理方式具有柔性特点，环境群体性事件主要是利益诉求引发的，解决利益问题，单靠强制性措施是不够的，无法充分平衡多元主体的利益。因此，政府还需要通过指导、鼓励、引导多元主体在平等自愿的基础上进行沟通、协商。非强制性治理方式，适用于事前、事中和事后全过程，特别是在事发前对矛盾纠纷的化解更有必要。协同治理并不完全排斥强制性措施，对于那些已出现对抗、暴力倾向明显的环境群体性事件，当非强制性方式失效时，就必须果断采取强制性措施，强制性措施应该是应对事态失控的最后一道安全屏障。

（四）治理结果相对平稳

环境群体性事件的多元主体协同治理，是以政府为主导，基于分工协作的方式，以协调各主体的利益诉求为目标，实现对利益冲突的化解。但从大多数环境群体性事件协同治理的结果来看，协同治理虽然不能彻底解决根源性问题，但可以在一定时期内平息冲突，使社会实现相对平稳状态。

多元主体协同治理试图协调化解各主体间的利益冲突，政府处于利益协调的主导地位。环境群体性事件是因环境污染问题或项目设施的安全风险引发的，事件发生前就带有明确的目标指向，公众上访、抗争的目的是表达利益诉求，阻止污染的发生和危险项目的再建，谋求污染企业、政府对自身的利益损害给予补偿，其诉求具有合理性。协同治理模式鼓励包容、参与、倾听、尊重、理解，政府主体为相关主体的利益分歧和冲突搭建沟通化解平台，政府并非一般的第三方，而是主导者，负责召集组织相关主体参与沟通协商，以理性方式表达诉求，同时还制定参与的规则，决定是否采纳各主体的意见，是否满足其利益诉求，政府的主导地位保证了协同治理的实现。

环境群体性事件多元主体协同治理所采取的策略和手段有助于问题的解决。协同治理遵循的协商机制能够使各主体的利益获得全部或部分满足，使利益冲突得以缓和直至化解，实现相对和谐稳定。相对和谐稳定是一种动态稳定，随着新的问题出现，已平息的事件有可能复发，但是，由于原来的冲突已得到释放，复发的结果未必都使事态升级。然而，政府单一主体治理模式，追求的是群体性事件"零"发生，"平安无事"，为此，采用高压的强制性手段，千方百计将突发事件消灭在萌芽状态，或采用"截访""拦访"的手段压制群众的正当维权诉求。这些做法，虽然在短时期内可能把一个地方的信访量、群体性事件数降到最低程度甚至为"零"，表面上看安宁和谐，但是，如此维稳之举，不仅回避和掩盖了原有矛盾和问题，还可能诱发新的矛盾和问题，新旧矛盾和问题不断积聚加深，以致演化成更大范围、更为严重的社会稳定风险，酿成更大规模的群体性事件。因此，追求刚性稳定使社会系统失去韧性，难以应对社会矛盾、社会问题的冲击。环境群体性事件治理的相对稳定观，承认社会冲突的普遍性和常态化，既看到了冲突的破坏性一面，又看到了冲突可以预警潜在问题的积极功能，立足于不断发现和解决风险危机的根源性因素，从而使社会系统处于一个自我调节完善的状态，这犹如为社会系统安装了一个稳定的"安全阀"。

三、环境群体性事件协同治理模式的局限性

多元主体协同治理模式是我国创新社会治理体制和方式的产物，

较政府单一主体治理模式，在环境群体性事件的治理上是一种进步和发展。然而，不存在一种放之四海而皆准的通用治理模式，任何一种治理模式都有其适用范围和条件。对于自然灾害、事故灾难等自然属性较强的突发事件，协同治理模式无疑是一种比较适合的模式，但对于环境群体性事件这类社会属性较强的突发事件，协同治理模式则存在一定的局限性。这些局限性影响环境群体性事件治理的有效性，这正是推进环境群体性事件治理模式转变的动力所在。

（一）社会主体作用的发挥有限

协同治理是一个开放的系统，政府主体在其中发挥主导作用。为便于表达，除政府主体外，将其他参与的主体如企事业单位、社会组织、媒体、公众等，都统称为社会主体。协同治理模式使社会主体的参与权、表达权、知情权、监督权得到部分保障，协同治理模式也支持各主体参与共同行动时抱有不同目的和利益诉求，并能为各主体提供沟通、协调利益的平台，将治理的过程看作是主体之间互动的过程。就环境群体性事件的治理而言，各相关利益主体围绕自身利益诉求展开协商，消除分歧，增进共识，以求冲突化解，实现各自利益。但是，协同治理行动的发起者是政府，决策的主导者也是政府，如果政府受地方利益、部门利益的驱动，可能会将自身意志强加到其他参与主体上，使问题的解决结果符合政府所希望的目标要求。以"PX"项目建设为例，有的地方政府为了确保项目通过，采取低调发布环评报告、经济补偿、满足强势群体的利益诉求、邀请持相同观点专家参与论证会等措施，使社会主体参与形式化，无法起到抵制"问题"项目上马的作用。

在多元主体协同治理结构中，政府主体拥有公共权力，掌握着丰富的公共资源，在协同治理中无疑具有强大的优势。但是在我国不少地方，社会组织发展的现状是，数量不多，种类不健全，组织的规模小、影响力不大、公信力不高。社会组织的现状决定了其独立性、自主性不强，对政府产生依赖。有学者认为，这种依赖并非意味着社会组织这类能力相对较弱的主体对政府的完全依赖，而是呈现出一种"依附性自主"特征。① 社会组织可以在协同行动中参与环保运动，表达环境利益诉求，但如果环保运动和利益诉求触及了政府的底线，损害了公共利益，那么"政府的力量在动员模式下可以迅速重新决定组织的命运或者影响到其他主体的各类活动"②。社会组织为了避免自身的行动和利益诉求因触及政府的底线而影响自身的生存和发展，就会与政府保持一致，服从政府决定，有限表达自己的意见、建议，因而难以发挥应有的作用。

（二）治理结果未必导向平等共赢

理论上看，在协同治理中各主体可以利益共享，实现互利共赢。协同治理赋予了多元主体参与协商的权利，特别是在政府单一主体治理模式下被排斥的那些主体也被吸纳入治理体系，可以表达自己的诉求，争取自己的正当利益，实现多元主体共赢。这已经在治理体制上得到保障，如前所说，2004 年 9 月，党的十六届四中全会就要求"建立健全党委领导、政府负责、社会协同、公众参与的社会管理格局"，四中全会为多元主体参与社会治理提供了思想和政治保障。

但是，从实践来看，共赢未必能平等共赢，一般意义上讲，只要各参与主体都获得了各自的利益，即使只有部分利益，都可以称为共赢。因为在共赢中还存在各主体的责任与权利是否相等，付出与回报是否相等的问题，如果不相等，所谓的共赢则是不平等的共赢。总体上看，协同治理可以达到共赢，但是要达到平等共赢则很难。在环境矛盾纠纷的调解中，多元主体进行利益博弈，只有各主体地位平等、力量相同，才有可能获得平等的利益。而事实上各主体的情况差异较大，如政府主体与社会主体比较，政府处于强势地位。在各类社会主体中，企业又比普通公众更强势，有行政背景的社会组织比民

---

① 参见王诗宗、宋程成：《独立抑或自主：中国社会组织特征问题重思》，《中国社会科学》2013 年第 5 期。

② 唐文玉：《如何审视中国社会组织与政府关系》，《公共行政评论》2012 年第 4 期。

间社会组织更强势。这就意味着在复杂的利益博弈中各参与主体难以平等获得自身的权益，特别是在异化的"维稳"观的影响下，情况变得更为复杂，不仅难以实现平等共赢，甚至可能连共赢也难保证。例如：有的地方政府以维稳为由，可能忽视企业或公众的合理诉求，造成公权对私权的损害。在邻避设施建设中，那些程序合法、污染风险小、安全可控的项目，一旦受到居民的抵制，为了快速平息抵制行动，有的地方政府便轻率作出让企业停产或停建项目的决定。这种以牺牲一方利益来满足另一方利益的做法，无法实现共赢的目的。

第三节　环境群体性事件合作治理模式及优势

随着我国全面深化改革进入攻坚期和深水区，社会利益的诉求更加多样化，社会矛盾纠纷更加错综复杂，社会稳定风险随之增长。同时，信息技术创新日新月异，以互联网为基础的各种新媒体快速发展，给社会治理带来机遇的同时也带来前所未有的挑战。为应对这些新变化和新挑战，迫切需要一种更为有效的社会治理模式，合作治理模式应运而生，它是社会治理理论、治理范式不断发展的必然结果。环境群体性事件的合作治理模式，是对政府单一主体治理模式的扬弃，也是超越协同治理的更加符合现今国际社会的一种治理范式①。

一、合作治理模式形成的背景

我国已进入后工业社会，面临的高度复杂性和不确定性将社会变成一个相互依赖的共同体，这种依赖关系不同于农业社会和工业社会中因特定区域和特定问题而形成的互动和协作关系，而是"在人类共

---

① 颜佳华、吕炜：《协商治理、协作治理、协同治理与合作治理概念及其关系辨析》，《湘潭大学学报》（哲学社会科学版）2015年第2期。

生共在的现实压力下形成的常态，应采用合作的方式去行动"①，伴随着我国社会治理思想和实践的不断创新，多元主体合作治理思想及其模式也逐步形成。

（一）合作共治思想的深化发展

从一元主体治理到多元主体协同治理，初步体现了一般意义上的合作治理的思想和实践，而合作治理思想和实践的进一步深化，主要始于党的十八大以后，到了党的十九大上升到新水平。2017 年 10 月，党的十九大报告提出"打造共建共治共享的社会治理格局"，具体要求"加强社会治理制度建设，完善党委领导、政府负责、社会协同、公众参与、法制保障的社会治理体制，提高社会治理社会化、法治化、智能化、专业化水平"。"共建共治共享"的"三共"社会治理格局的提出，体现了社会治理的开放性、合作性、互利性思想，是对合作治理的本质反映。社会治理的"社会化"被置于"四化"之首，是对治理主体参与的广泛性、深入性的更高要求，意味着我们"比以往任何时候更需要依靠全社会的力量，发挥全体民众的智慧，从公开问题到解决问题，治理机制要照顾到各方面的利益，治理能力要能够满足人民群众更高层次的需求"②。虽然在我国社会治理领域，社会协同、公众参与的实践一直都在不断推进中，但是，缺乏量的规定与质的要求，往往成为空泛的理念，比较容易流于形式。提高社会治理的"社会化"水平这一新提法，使"社会协同、公众参与"走向更加注重质量和水平的新阶段，也为实现共建共治共享社会治理格局奠定了基础。2019 年 10 月，党的十九届四中全会强调："必须加强和创新社会治理，完善党委领导、政府负责、民主协商、社会协同、公众参与、法治保障、科技支撑的社会治理体系，建设人人有责、人人尽

---

① 张康之：《在后工业化进程中构想合作治理》，《哈尔滨工业大学学报》（社会科学版）2013 年第 1 期。

② 金泽刚：《着力推进社会治理实现新"四化"》，2017 年 10 月 30 日，见 http：//www.oeeee.com/mp/a/BAAFRD00002017103056437.html。

责、人人享有的社会治理共同体。"① 这一科学表述是对合作治理思想的重大创新，相对于以往历次对社会治理格局或体制的表述，党的十九届四中全会新增了"民主协商"要素，体现了"有事好商量，众人的事由众人商量"的平等共治理念，是对合作治理手段的本质反映。强调"建设人人有责、人人尽责、人人享有的社会治理共同体"，内涵十分丰富，这种以权责对等为基础的社会治理"共同体"，是价值精神共同体、利益共同体。环境群体性事件治理，是社会治理的组成部分，社会治理的合作思想，同样对环境群体性事件的合作治理模式构建具有指导性。

（二）适应环境群体性事件新特点的需要

党的十八大后，我国从经济、政治、文化、社会、生态文明五个方面，制定了新时代统筹推进"五位一体"总体布局的战略目标，以实现以人为本、全面协调可持续的科学发展。例如：在政治领域，推进透明政府建设，完善多层次、多领域的协商民主制度，扩大公民参与渠道和形式；在生态领域，加大生态文明建设，加大环境污染治理力度，建设美丽中国；在民生领域，加大基本公共服务体系建设，实现基本公共服务均等化，提高人民群众的获得感；在社会领域，推进共建共治共享的社会治理体系建设，健全各种社会矛盾纠纷的多元化解机制，切实维护人民群众的根本权益。得益于这些源头治理、系统治理、综合治理措施，我国社会呈现和谐稳定的良好局面，大规模的群体性事件明显减少，如自2017年后，环境群体性事件的增长趋势减缓，参与人员规模和对抗程度有所降低。

但是，在环境领域，各种环境矛盾纠纷特别是邻避冲突风险问题依然较为严峻，环境群体性事件产生的深层次因素尚未根本消除，一些积累多年的环境矛盾纠纷问题难以解决，环境信访案件办结后又再次上访的现象较为普遍。我国已经进入风险社会，不确定性因素增

---

① 《中国共产党第十九届中央委员会第四次全体会议公报》，2019年10月31日，见 http://cpc. people. com. cn/n1/2019/1031/c64094 - 31431615. html。

加，各种安全风险点增多，在一些诱因的刺激下，随时都有演化为突发事件的可能。人民群众对公共安全的更高需求与公共安全供给不足的矛盾始终存在，在某些领域仍然较为突出。同时，还应该看到，环境群体性事件呈现出一些新特点，需要以新的治理方式防范和化解。在数量上，与2007—2016年爆发式增长的势头相比，虽然快速增长势头减缓，但总量仍居高不下，不可掉以轻心。在对抗程度上，尽管强度有所下降，开始转向温和，但公众更多转向在线上开展集体行动，形成舆论热点和压力，网络上的舆论更趋复杂和激烈。在公众诉求表达媒介上，微博、微信、抖音等社交媒体成为公众表达环境利益诉求、监督环境保护的主要阵地，并形成线上与线下共同推动以扩大社会影响的格局。在组织动员方式上，通过各种自媒体平台在线上发布信息、组织参与、商议行动方案的方式增多，其隐蔽性更强，处置难度加大。

环境群体性事件出现的新特点，需要高度警醒，居安思危，树立强烈的风险危机意识。面对利益群体维权的策略、手段和平台的发展变化，政府单一主体治理模式、多元主体协同治理模式都越来越显示出局限性，必须从以"堵""控"为主要方式的刚性治理，转向以民主协商、平等沟通、互利共赢为核心要素的新型治理，而合作治理模式则契合了这一新型治理的需要。

二、基于典型环境群体性事件的治理模式比较

环境群体性事件合作治理模式是在我国合作共治思想不断深化的社会背景下产生的，与政府单一主体治理模式、多元主体协同治理模式的产生背景有所不同，不同的环境群体性事件治理模式从侧面反映了特定时期的社会治理思想。治理模式的优劣在实践中更容易得到检验，因此，利用典型案例进行不同治理模式的比较分析，有助于更好理解不同治理模式的适用性。

（一）政府单一主体治理模式：以浙江省东阳市画水镇事件为例

2001年，13家化工企业入驻浙江省东阳市画水镇的工业园区，

此后画水镇环境污染情况加重，村民出现呼吸困难，在闷热天气工厂排放的废气造成村民睁不开眼睛，树木大量死亡，农作物减产等问题。村民多次向当地有关部门反映化工厂非法排污以及环境被污染危害的情况，但未得到及时回应和解决。2005年2月，村民开始以实际行动进行抗议，村中老人在化工园区的交通要道搭建毛竹棚，拦截进入车辆。4月10日，执法人员开始强制拆除毛竹棚，这一举动成为群体性事件的导火索。当地3万余村民与执法人员发生激烈冲突，30多人受伤。①

　　画水镇事件是进入2000年后因环境污染损害村民生存权益而发生的具有代表性的一起严重环境群体性事件，事件发生及其处置过程都有不少问题需要反思：首先，面对既成的环境污染事实，地方政府逃避责任、不作为。村民多次反映环境污染情况，屡次上访，镇政府、县政府以及县环保局均无实质性回应。面对新闻媒体对化工厂的建设规划的追问，当地规划部门不愿透露有关资料或立项过程。② 地方政府对下忽视民意，压制维权行动，对上利用风险信息的不对称不及时报告。其次，涉事企业极力否认发生环境污染，与地方政府共同掩盖事实。再次，村民不断上访维权想把事情"闹大"，地方政府采取强制性措施平息事件。可见，地方政府、企业与公众在这起环境群体性事件中完全站在对立面，地方政府将公众置于被管理者地位，与企业共同采取压制措施，面对村民坚持的环境利益、生存权益诉求，不愿妥协，缺乏真诚沟通和及时回应；面对村民的抗议行动，利用公共权力采取压制措施，致使事态升级。

　　该事件暴露出当地政府以自我为中心，权力本位，忽视村民的合理权益，不重视与村民平等对话沟通，使矛盾冲突升级，在事态失控

---

① 参见吴小龙：《东阳画水镇发生群体性事件》，2005年4月14日，见 http：// zjnews. zjol. com. cn/05zjnews/system/2005/04/14/006092379. shtml。

② 参见戴玉达：《污染始于规划，叩问浙江东阳画水镇事件》，2005年5月10日，见 https：//business. sohu. com/20050510/n225494065. shtml。

情况下仍然习惯凭借公权力，采取简单粗暴的方式进行压制，试图快速平息事件，这是政府单一主体治理模式的表现和结果。

（二）多元主体协同治理模式：以厦门"PX"项目事件为例

厦门市政府为发展振兴本市石油化工行业，增加本级政府财政收入，在2007年决定引进一项被称为"PX"的化工项目，预计该项目建成投产之后可以为厦门市带来年人民币800亿元的工业产值。在市政府看来，这是一项利好项目，不仅能提升厦门市的经济实力，还可以带动厦门市的就业、消费增长。但是，不久该项目就遭到部分市民的抗议，市民反对项目选址靠近人口聚集地和生态保护区，同时担心项目存在污染危害身体健康问题。2007年3月，在全国政协会议上，中国科学院院士赵玉芬等105名全国政协委员联名签署提案，要求该项目停建迁址，未引起厦门市政府的足够重视。2007年5月下旬，厦门"PX"项目的建设进程及所谓的严重危害，通过短信、论坛等方式广泛传播，市民从对"PX"项目的一无所知转向准备通过多种方式抵制该项目落地，并于6月初以集体上街"散步"的形式表达对项目的反对意见，引起全社会的关注。于是，厦门市政府作出三项回应：缓建"PX"项目，在原有基础上扩大环评范围，启动公众参与程序。2007年12月，福建省人民政府针对厦门"PX"项目问题召开专项会议，决定迁建该项目。① 持续近一年的厦门"PX"项目事件最终落下帷幕，尽管这次事件没有发生冲突，市民以上街"散步"的温和方式表达诉求，但是，仍需指出的是，"散步"绝非解决问题的最佳途径，"一有矛盾就上街"更非治理常态。②

厦门"PX"项目事件被广泛认为在环境群体性事件处置方面具有分水岭意义，该事件的和平解决可为后来处置类似环境群体性事件提供经验和教训。厦门"PX"项目在启动立项的初期阶段存在应对

① 参见樊良树：《环境污染型工程项目建设难点及治理机制——基于三起"反PX行动"的分析》，《国家行政学院学报》2018年第6期。
② 参见金苍：《用什么终结"一闹就停"困局》，《人民日报》2013年5月8日。

不力的问题，但"散步"事件发生后的应对还是成功的，有可借鉴之处：地方政府积极促进官民沟通，充分调动各方参与，搭建信息公开平台。例如：组织公众参与环评报告网络投票，作为"PX"项目建设方的翔鹭腾龙集团发布《翔鹭腾龙集团致厦门市民公开信》，公开项目信息，召开两场包括新闻媒体、市民代表、人大代表和政协委员、专家参加的座谈会。厦门市政府吸纳民意，厦门市民理性参与，相关媒体及时报道，项目建设企业公开信息，通过多元主体共同协商，平等对话，避免了一场暴力维权事件。但是，该事件的发生也暴露出一些问题，有教训值得反思。这就是政府本位思想仍在作祟，项目在申报立项过程中，未广泛征集民意，忽视市民参与决策，"环评"环节形式化，官民沟通的渠道单一、不畅。面对全国政协委员的联名反对也未引起足够重视，掉以轻心。以我为中心，从单方面意愿出发，一厢情愿期待快速上马项目带来地方经济的增长，结果事与愿违。而且，通过此次事件，"PX"项目被塑造为具有高度争议性项目进入公众视野，此后全国一些地方发生多起反对"PX"项目的行动。厦门"PX"项目事件与画水镇事件的发生有一定的共性问题，不同的是，在画水镇事件中，村民解决污染问题的诉求持续数年得不到解决，最后被迫采取极端方式维权，当地政府采取简单粗暴方式应对。在厦门"PX"项目事件中，面对市民上街集体"散步"行动，厦门市政府能亡羊补牢，采取积极的补救措施，通过政府部门、市民、企业、媒体、专家多方参与，互动沟通，增进了共识，化解了危机，避免了矛盾升级，体现了多元主体协同治理的特点。

（三）合作治理模式：以杭州中泰垃圾焚烧发电项目为例

邻避冲突事件防治困难，许多地方在项目建设上都遭受过被抵制的不幸，但这并不意味着邻避冲突问题的不可治，所有项目建设都必然遭遇失败，国内也不乏成功的案例，杭州中泰垃圾焚烧厂项目的建设，就是邻避冲突治理成功的典型范例。2014年5月10日，杭州市余杭区发生了一起万人参与抵制兴建中泰垃圾焚烧厂的群体性事件，参与者打出"反对建设垃圾焚烧厂"的标语，有的参与者甚至封堵杭徽高速公路和省道。5月11日0时，现场秩序恢复正常，当日下午16时，杭州市政府召开新闻发布会，对垃圾焚烧项目作出必要解释，并权威发布出现的群众聚集事件。余杭区有关负责人表示："项目在没有履行完法定程序和征得群众充分理解支持的情况下，一定不开工。"① 同日，公安机关迅速逮捕了一批在这次事件中涉嫌聚众扰乱公共秩序、妨碍公务和寻衅滋事的犯罪嫌疑人，并重申"在事件中实施堵塞交通、毁坏公私财物、伤害他人、制造传播谣言等违法犯罪行为的人员，必须主动到公安司法机关投案自首。"② 经过3年的不懈努力，该垃圾焚烧厂在2017年建成投产，无人再公开抵制。

新建垃圾焚烧厂，是各大城市为破解垃圾围城困局的必然之举，也是一项利民工程，但公众受邻避情结影响，普遍持抵制态度。杭州余杭区建设垃圾焚烧厂，遭到公众反对，不是项目决策之错，而是公众对项目污染风险的担忧，对于这类具有合法合理性项目的建设，如何避免公众的不理解和反对，考验地方政府的智慧和治理能力。从"邻避"到"迎臂"，为避免公众持续抵制，使该项目能够顺利建成，杭州市和余杭区两级政府、企业、公众进行了长达3年的不懈努力：一是组织各方参与考察和讨论。政府在承诺不开工之后，积极与事发地村民展开对话。2014年7月至9月共组织82批、4000多人次赴外地考察垃圾焚烧发电项目，其中，垃圾焚烧厂项目周边的4个核心村，80%的农户参加考察。同时多次组织专家沟通会、民意代表座谈会，听取居民、专家、企业的意见。二是构建利益共同体，满足多方利益实现共赢。当地政府主要通过对企业减免税费进行经济补偿，让企业开展道路改造、绿化修缮，营造良好的生态环境；企业还在社区

---

① 张乐等：《余杭：中泰垃圾焚烧厂项目群众不支持就不开工》，2014年5月12日，见 http://news.sohu.com/20140511/n399410594.shtml。

② 王浩成：《浙江余杭中泰事件中53名犯罪嫌疑人被依法刑拘》，2014年5月12日，见 http://www.chinanews.com/fz/2014/05-12/6161771.shtml。

修建图书馆等公共设施，通过设立环保科普教育基地、提供就业岗位等方式与居民形成利益共同体。三是保障村民的知情权、监督权、参与权，以及强化主体责任。政府、企业及时公开信息，尽量避免信息不对称。例如：在网上，各个社区公开企业的施工进度、建设材料和技术，公开大气监测数据、废水废气排放情况等内容，让市民、第三方随时监督。

垃圾焚烧厂项目与"PX"项目都有类似之处，存在环境污染和技术安全风险，在全国不少地方，项目在准备兴建或建成后，遭到公众反对的情况比较常见。杭州市中泰垃圾焚烧厂的建设，比厦门"PX"项目幸运的是，虽然建设前遭到强烈反对，但是最终能建成投产，这与当地政府科学的处置方式分不开。当地政府没有不顾民意强行上马项目，也没有简单地采取永远停建或迁址复建的常见做法，为了解决垃圾围城的严峻现实，对于像垃圾焚烧厂这类不得不建的民生工程，当地政府历时3年，与利益相关者进行了一场"马拉松"式的富有诚意和耐心的沟通工作，综合施策，特别是在风险沟通、增强信息透明度、建立利益共同体等方面采取的具体措施，回应了各方关切，增进了互信，最终使项目能建成投产。这说明："有利益表达才有相对的利益平衡，通过有效沟通达成共识，以协商方式解决问题，才可能实现社会利益最大化。"① 该案例对其他地方处理类似邻避冲突事件具有很大的启示价值，杭州市中泰垃圾焚烧厂的建设，是成功运用合作治理模式的典范。

三、合作治理模式的相对优势与适用场景

从上述三个案例可以发现，每一种治理模式的特点和治理效果是不同的，在政府单一主体治理模式和多元主体协同治理模式下，环境群体性事件虽然也得到化解，但触及相关主体的切身利益问题并未得

---

① 金苍：《用什么终结"一闹就停"困局》，《人民日报》2013年5月8日。

到合理解决，深层次的矛盾依然存在，表面的平安和稳定难以持久，政府公信力的缺失，干群关系的紧张，不断聚集的矛盾等，可能导致更为严重的危机事件。换言之，政府单一主体治理模式和多元主体协同治理模式不适用于环境群体性事件的治理，相比较而言，合作治理模式适用于环境群体性事件的治理。

（一）三种治理模式的比较

在环境群体性事件的治理上存在三种治理模式：政府单一主体治理模式、多元主体协同治理模式、合作治理模式，但三者的治理主体及主体间关系、治理手段、治理效果有所不同。政府单一主体治理模式的权力格局是政府主体对其他主体具有较强的影响力和控制力，形成单一的权力中心。在环境群体性事件的治理中，政府的权力大，治理资源丰富，使用强制性手段能快速恢复社会秩序。多元主体协同治理模式有多个治理主体，但政府主体在治理结构中仍然处于主导地位，拥有较大的权力，只是将一部分治理权力赋予其他主体，政府通过引导其他治理主体，搭建协商平台，有达成一致共同行动的可能。合作治理模式也有多个治理主体，但各主体以信任为基础形成平等参与的治理结构，各治理主体之间存在多向的信息传播，既有自上而下，又有自下而上，还有横向的传播，是一种典型的网络治理结构，最显著的特点是平等。参见表2－1。

表2－1　环境群体性事件的三种治理模式比较

治理模式	政府单一主体治理	多元主体协同治理	合作治理
治理主体	政府单一主体	多元参与主体	多元平等主体
主体关系	命令—服从	政府主导，其他主体协助	平等互动，利益协调
治理手段	命令控制	协商参与	协商、沟通、谈判
治理结果	刚性稳定	相对平稳	韧性稳定

（二）合作治理模式的相对优势

三种主要治理模式是在不同的社会治理思想和时代背景下产生

的。对治理模式的比较和评价应该基于治理效果，每一种具体的治理模式都有其特定的功能和适用条件。相比较而言，合作治理模式更适合环境群体性事件的治理。因为，这种模式更有助于动态平衡多元主体的利益关系，更有助于妥善处理公共利益、集体利益、个人利益三者之间的矛盾关系，实现利益均衡共享。在环境群体性事件中，主要涉及的直接利益相关者包括政府、企业、公众三方主体，也部分涉及间接利益相关者，如新闻媒体、环保社会组织、社区自治组织等主体。

地方政府是地方公共利益的代表者，同时作为一种特殊的组织也有自身利益诉求。一些文章在分析地方政府的利益诉求时，批评地方政府忽视环境保护，片面追求经济发展而引进高污染的项目。不可否认，地方政府承担着推动地方经济发展的重任，为追求 GDP 增长从外部获取资源具有正当性和合理性。例如：若当年厦门"PX"项目投产，将产生约 800 亿元的工业产值，同时带动大量人口就业，繁荣区域的商业，从长期来看，项目落地的海沧区将实现跨越式发展。①除此之外，地方政府新建或引进一些急需项目也是为了促进公共利益增长。例如：很多地方建设垃圾焚烧厂，是不得已而为之，因为旧有垃圾填埋方式占用宝贵的土地，但直接燃烧垃圾会造成环境污染。兴建一些被"污名化"或让人产生心里不悦的邻避设施如戒毒中心、精神病院等，也体现了地方政府对特殊群体利益的重视。我国政府的宗旨是全心全意为人民服务，地方政府为促进经济增长，改善民生福祉的举措，代表的是公共利益，地方政府实现公共利益的行为应该得到支持。

企业作为市场主体、经济组织，其本性是逐利的，追求收益最大化、成本最小化。这可能使企业淡化社会责任，放弃环境保护责任，破坏生态环境，把群众健康放在第二位，这无疑是需要批评和问责

---

① 参见《厦门 PX 项目——经济发展的困惑》，2007 年 6 月 5 日，见 http：//net. blogchina. com/blog/article/302667。

的。但是，企业的合法权益也需要得到保护。地方政府不能因为上级环保监察，完成环保考核目标，就对那些合法生产、污染排放达标的企业采取"一刀切"的关停措施，也不应该因为部分公众的反对，就对那些程序合法、风险小、技术安全可控的企业项目，轻率作出停建决定，这无疑也会损害企业的合法权益。

普通公众数量大，类型多样，其诉求更加多元化、复杂化，特别是利益直接相关的公众对环境利益诉求更为强烈。2007年10月，党的十七大报告提出"要建设生态文明消费模式"；2012年11月，党的十八大提出统筹推进"五位一体"总体布局的战略目标，其中包括生态文明建设。在此背景下，要了解公众认识和要求的变化：首先，公众的环境保护意识逐年提升。据2013—2017年北京市公众环境保护意识调查结果显示："公众的环境意识逐渐增强，环保科学认知能力有所提升，环保责任意识以及环保参与度也稳步提升。"[1] 因此，在环境污染引发的群体性事件中，公众维护高品质环境的态度极为坚决，不达目的毫不妥协。其次，公众对环境污染补偿的诉求增多。公众要求经济补偿最常见，要求企业或政府以现金形式短期或长期补偿。此外还要求生态补偿，要求企业或政府整治改善环境，兴建环保公共设施、公共配套设施等。再次，公众参与环境公共决策的意愿增强。厦门"PX"项目事件使越来越多的普通市民认识到，通过有序参与，可以维护自身权益，因此对环境知情权、参与权、监督权的诉求变得更强烈。从大量环境信访案件和环境群体性事件来看，除少数公众存在过度维权、牟利型维权外，大部分公众的权益诉求是正当合理的，应该得到地方政府或企业的尊重和满足。

环境群体性事件的发生，直接的导火索是公众意识到面临环境污染或环境项目安全风险的威胁，但本质原因是相关主体之间的利益冲突。从基本主体类别来看，主要是政府、企业和公众，三者分别代表

---

① 孟竹、高星：《北京公众环保意识不断提升　近8成受访者表示"从身边环保小事做起"》，2018年5月28日，见 http://bj.people.com.cn/n2/2018/0528/c82840-31634220.html。

了公共利益、集体利益和个体利益。当三种利益发生冲突时，不能固守"零和博弈"① 思维，以牺牲某方的利益来满足另一方或两方的利益诉求；需要寻找各方利益的平衡点，求解最大"公约数"，除了合作共赢别无选择。

在现有的三种治理模式中，合作治理模式能够更充分满足这一要求，优势更为显著，特别需要指出的是：这三种治理模式的优劣比较，只是针对环境群体性事件治理而言的，离开具体的对象和场景，孤立地评价某种治理模式的优劣是不可取的。因为这三种治理模式有各自的适用范围和对象，如多元主体协同治理模式更适合自然灾害、事故灾难等自然属性更强的突发事件的治理，合作治理模式更适合社会属性更强的环境群体性事件的治理。

---

① 零和博弈：又称零和游戏，与非零和博弈相对，是博弈论的一个概念，属非合作博弈。它是指参与博弈的各方，在严格竞争下，一方的收益必然意味着另一方的损失，博弈各方的收益和损失相加总和永远为"零"，双方不存在合作的可能。

第三章　我国环境问题合作治理的法制建设

这里所谓的环境问题，是对环境领域涉及的多种问题的统称或简称，以全过程治理为视角可分为两大阶段问题：一是基于环境群体性事件发生前的源头性问题，包括环境发展规划、环境保护、环境污染治理、环境设施建设方面的问题；二是基于环境群体性事件发生后的应急管理方面的问题。环境群体性事件合作治理的法制建设，应该从全过程入手，既要重视环境群体性事件治理本身的应急法制建设，又需要立足预防为主，加强源头性环境问题治理的法制建设。对我国环境问题治理的法制建设进程、成效和不足进行全面总结和评析，可为完善我国环境问题合作治理法制建设提供参考。

第一节　环境问题公共决策的法制建设

环境问题公共决策，泛指对环境发展规划、环境保护政策、环境项目等环境领域内的重大问题或事项作出决定和安排。环境问题公共决策是公共决策在环境领域中的具体应用，即依据需求、偏好和价值观等因素进行谋划、论证和评估，从而选择出最优或满意方案的过程，它具有高度的不确定性、在时间和空间维度上的延展性以及广泛的社会性等特点。① 环境问题公共决策权的行使是国家履行环境治理职

---

① 参见杜红：《环境决策的伦理向度》，《中国人口·资源与环境》2014 年第 9 期。

能的具体表现，公共决策是有风险的，环境问题公共决策质量对突发环境事件、环境群体性事件的发生发展具有重要影响。因此，为保证环境问题公共决策的科学性，降低决策风险，国家制定了相关法律、法规，如要求重大环境项目建设、重大环境政策制定必须预先进行环境影响评价（下简称"环评"）和社会稳定风险评估（下简称"稳评"）。

一、环境问题公共决策环境影响评价的法制建设

《中华人民共和国环境影响评价法》[①]（下简称《环境影响评价法》）所称的环境影响评价，是指"对规划、建设项目实施后可能造成的环境影响进行分析、预测和评估，提出预防或者减轻不良环境影响的对策和措施，进行跟踪监测的方法与制度"。"环评"作为预防环境影响问题进而预防突发环境事件的关键制度，是决定环境规划是否通过，建设项目是否上马的"必经决定程序"，也是预防环境群体性事件发生的重要环节。对规划、建设项目开展"环评"已纳入相关法律法规。参见表 3-1。

表 3-1 环境问题公共决策环境影响评价的法律一览表

文号	发文日期/实施日期	文件名称	适用条款	环评事项
主席令第 77 号	2002.10.28/ 2003.09.01	《中华人民共和国环境影响评价法》	第七、八、十三、十四、十六、二十五条	规划、建设项目
主席令第 9 号	2014.04.25/ 2015.01.01	《中华人民共和国环境保护法》	第十九条	编制开发利用规划、建设项目
主席令第 69 号	2007.08.30/ 2007.11.01	《中华人民共和国突发事件应对法》	第二十条	引发突发事件的危险源、危险区域

---

① 《中华人民共和国环境影响评价法》，2016 年 8 月 22 日，见 http：//www.npc.gov.cn/wxzl/gongbao/2016-08/22/content_ 1995717.htm。本章本法律条文引用均来源于此，引文不再逐条标注。

续表

文号	发文日期/ 实施日期	文件名称	适用条款	环评事项
主席令 第 70 号	2008.02.28/ 2008.06.01	《中华人民共和国 水污染防治法》	第十九条	排放污水的建设项目、水上设施以及水污染防治设施
主席令 第 31 号	2015.08.29/ 2016.01.01	《中华人民共和国 大气污染防治法》	第十八、二十八、八十九条	影响大气环境的建设项目和规划

　　《环境影响评价法》第二章、第三章分别对"规划"和"建设项目"的"环评"作出相关规定，如第七条对"规划"的"环评"对象的规定是："国务院有关部门、设区的市级以上地方人民政府及其有关部门，对其组织编制的土地利用的有关规划，区域、流域、海域的建设、开发利用规划，应当在规划编制过程中组织进行环境影响评价"。这类规划属于综合性规划。在专项规划方面，第八条对"环评"对象的规定是："国务院有关部门、设区的市级以上地方人民政府及其有关部门，对其组织编制的工业、农业、畜牧业、林业、能源、水利、交通、城市建设、旅游、自然资源开发的有关专项规划，应当在该专项规划草案上报审批前，组织进行环境影响评价，并向审批该专项规划的机关提出环境影响报告书。"

　　为确保环境影响报告书的科学性，《环境影响评价法》还明确提出"专项规划"在决策前，需对环境影响报告书进行审查，审查小组意见是环境决策的重要依据。例如，第十三条规定："设区的市级以上人民政府在审批专项规划草案，作出决策前，应当先由人民政府指定的生态环境主管部门或者其他部门召集有关部门代表和专家组成审查小组，对环境影响报告书进行审查。审查小组应当提出书面审查意见。"又如第十四条规定："审查小组提出修改意见的，专项规划的编制机关应当根据环境影响报告书结论和审查意见对规划草案进行修改完善，并对环境影响报告书结论和审查意见的采纳情况作出说明；不采纳的，应当说明理由。设区的市级以上人民政府或者省级以上人民政府有关部门在审批专项规划草案时，应当将环境影响报告书结论以及审查意见作为决策的重要依据。在审批中未采纳环境影响报告书结论以及审查意见的，应当作出说明，并存档备查。"

此外，《环境影响评价法》对"建设项目"的"环评"同样有相应规定。例如，第十六条规定："国家根据建设项目对环境的影响程度，对建设项目的环境影响评价实行分类管理。建设单位应当按照下列规定组织编制环境影响报告书、环境影响报告表或者填报环境影响登记表。"第二十五条规定："建设项目的环境影响评价文件未依法经审批部门审查或者审查后未予批准的，建设单位不得开工建设。"建设项目的"环评"与规划的"环评"规定，基本的程序和要求相似，不再赘述。

《环境影响评价法》的实施，表明我国"环评"制度正式形成，为"环评"的开展提供了充分的法律依据。"环评"制度作为环境决策中的一项基本法律制度日臻完善，强化了规划环评，是一种科学规制和决策工具，同时加强规划环评与项目环评的联动机制，简化项目环评程序，① 对源头预防环境污染和生态环境破坏发挥着"把关"作用。

《环境影响评价法》是一部关于环境影响评价的综合性法律，具有总的指导性和法律效力。此外，还有其他一些法律也涉及"环评"内容，均以《环境影响评价法》为总依据，主要属于专项环评范畴，针对性更强，下面列举几部法律中的相关规定：

《中华人民共和国环境保护法》②（下简称《环境保护法》）对开

---

① 参见吴婧、王文琪、张一心：《国内外环境影响评价改革动向及改革建议——以多源流框架为视角》，《环境保护》2019 年第 22 期。

② 《中华人民共和国环境保护法》（2014 年修订），2014 年 6 月 23 日，见 http：//www. npc. gov. cn/wxzl/gongbao/2014－06/23/content_ 1879688. htm。本章本法律条文引用均来源于此，引文不再逐条标注。

发利用规划和建设项目的"环评"有相关规定，如第十九条规定："编制有关开发利用规划，建设对环境有影响的项目，应当依法进行环境影响评价。未依法进行环境影响评价的开发利用规划，不得组织实施；未依法进行环境影响评价的建设项目，不得开工建设。"《环境保护法》要求对开发利用规划和建设项目进行"环评"的规定，有助于促进防治污染和其他公害，保障公众身体健康，维护生态环境保护秩序预期功能的实现。

《中华人民共和国突发事件应对法》① （下简称《突发事件应对法》）对突发事件的"环评"有相关规定，如第二十条规定："县级人民政府应当对本行政区域内容易引发自然灾害、事故灾难和公共卫生事件的危险源、危险区域进行调查、登记、风险评估，定期进行检查、监控，并责令有关单位采取安全防范措施。省级和设区的市级人民政府应当对本行政区域内容易引发特别重大、重大突发事件的危险源、危险区域进行调查、登记、风险评估，组织进行检查、监控，并责令有关单位采取安全防范措施。"自然灾害、事故灾难等突发事件一旦发生，往往破坏环境生态，因此，对危险源、危险区域的风险进行评估，能从源头预防和减少突发环境事件的发生，进而有助于预防和减少环境群体性事件。

《中华人民共和国水污染防治法》② （下简称《水污染防治法》）对排放污水的建设项目、水上设施以及水污染防治设施的"环评"有相关规定，如第十九条规定："新建、改建、扩建直接或者间接向水体排放污染物的建设项目和其他水上设施，应当依法进行环境影响评价。建设单位在江河、湖泊新建、改建、扩建排污口的，应当取得水

① 《中华人民共和国突发事件应对法》，2007年8月30日，见http：//www.gov.cn/ziliao/flfg/2007-08/30/content_732593.htm。本章本法律条文引用均来源于此，引文不再逐条标注。
② 《中华人民共和国水污染防治法》，2017年6月29日，见http：//www.npc.gov.cn/npc/sjxflfg/201906/863e41b43f744efda56b14762e28dc6f.shtml。本章本法律条文引用均来源于此，引文不再逐条标注。

行政主管部门或者流域管理机构同意；涉及通航、渔业水域的，环境保护主管部门在审批环境影响评价文件时，应当征求交通、渔业主管部门的意见。建设项目的水污染防治设施，应当与主体工程同时设计、同时施工、同时投入使用。水污染防治设施应当符合经批准或者备案的环境影响评价文件的要求。"

《中华人民共和国大气污染防治法》①（下简称《大气污染防治法》）对影响大气环境的建设项目和规划的"环评"也有相关规定，如第十八条规定："企业事业单位和其他生产经营者建设对大气环境有影响的项目，应当依法进行环境影响评价、公开环境影响评价文件。"又如第二十八条规定："国务院生态环境主管部门会同有关部门，建立和完善大气污染损害评估制度。"第八十九条还规定："编制可能对国家大气污染防治重点区域的大气环境造成严重污染的有关工业园区、开发区、区域产业和发展等规划，应当依法进行环境影响评价。"

综上可见，涉及"环评"的现行法律比较多，涵盖多个领域内的规划和建设项目的环境影响评估，使"环评"工作基本实现有法可依。但是，"环评"制度体系和实施细则仍有待进一步完善，"环评"结论的约束力有待进一步提高，地方政府的环境影响评估责任有待进一步落实。

第一，战略环评和规划环评刚性约束不足。② 有的地方政府或"环评"主责部门的"环评"主体责任落实不到位，常常出现环境事项"未评先批"和建设项目"未评先建"问题，"环评"结论滞后于环境规划或项目决策，"环评"结论对决策形成过程缺乏有效的制约。即使按照"环评"程序形成的"环评"结论，也存在"缺乏司法审

---

① 《中华人民共和国大气污染防治法》，2018 年 11 月 5 日，见 http：//www.npc.gov.cn/npc/sjxflfg/201906/daae57a178344d39985dcfc563cd4b9b.shtml。本章本法律条文引用均来源于此，引文不再逐条标注。

② 参见步青云、白璐：《贯彻落实"两山论"，深入推进环评制度改革》，《环境保护》2019 年第 23 期。

查""评而不用"等情况，"环评"未发挥其应有的制度约束作用。

第二，"环评"结论的运用，重事前审批、轻后续监管，环境保护"三同时"① 制度落实不力。现行法律法规对建设项目的事中、事后环境影响监管较为薄弱，常出现"环评"报告批复后"只批不管""他人批的不管"以及对未批先建的项目"只罚不管"等现象，缺乏运用"环评"结论对项目建设全过程进行持续的环境影响监管，环境影响监管机制有待完善。

第三，法律法规的表述存在模糊性，执行面临困难。以《环境影响评价法》为例，使用"公众""有关单位""专家"等指代"环评"参与者，比较空泛。对于媒体、行业协会、民间环保组织等的参与身份界定不太明确，他们是代表社会公众方还是规划、建设项目方比较模糊，导致"环评"组织者有时可能会基于自身利益考虑确定相关参与主体。规定"环评"报告书草案在报送审批前，要举行论证会、听证会，或者采取其他形式，征询有关单位、专家和公众的意见，但在具体执行中，论证会、听证会怎么组织，由谁参与，多少人参加，操作弹性太大。建设项目单位会为了项目尽快上马，采取各种变通形式走走过场，使公众参与"环评"的有效性难以得到保障。

二、环境问题公共决策社会稳定风险评估的法制建设

在开展环境问题公共决策时不仅需要考虑环境规划、建设项目对环境的影响，还需要考虑对社会稳定的影响，进行社会稳定风险评估，把社会稳定风险评估结果作为环境问题公共决策的依据之一。"社会稳定风险评估是重大事项出台、推行、实施的前置性制度安排，强调防患于未然，属'关口前移'的程序性设计。"② 环境"稳评"是重大决策社会稳定风险评估制度在环境领域的具体应用，我国开展重大

---

① "三同时"即指《中华人民共和国环境保护法》第四十一条规定的"建设项目中防治污染的设施，必须与主体工程同时设计、同时施工、同时投产使用。"

② 朱正威：《健全社会稳定风险评估机制》，《光明日报》2013 年 10 月 8 日。

环境决策社会稳定风险评估，源于社会治理领域的地方实践创新的推动。党的十八届三中全会提出"健全重大决策社会稳定风险评估机制"，国家"十二五"规划纲要提出"建立重大工程项目建设和重大政策制定的社会稳定风险评估机制"，并要求逐步实现社会稳定风险评估的"全覆盖"。①

对于重大决策社会稳定风险评估，没有专门的法律，现仅有一部《突发事件应对法》涉及相关内容，其余的依据主要属于行政规范文件。参见表 3 - 2。

表 3 - 2　社会稳定风险评估的法律和规范文件一览表

文号	发文日期	文件名称	稳评事项
主席令第 69 号	2007.08.30	《中华人民共和国突发事件应对法》	突发事件发生的可能性、影响范围和强度以及突发事件级别等
中办发〔2012〕2 号	2012.01	《关于建立健全重大决策社会稳定风险评估机制的指导意见（试行)》	稳评范围、内容、主体、程序、结果运用和决策实施跟踪等
中稳发〔2014〕1 号	2014.01	《关于贯彻中办发〔2012〕2 号文件的具体意见》	稳评主体及责任、风险等级、考核与督查、维稳部门职责等
发改投资〔2012〕2492 号	2012.08.16	《国家发展改革委重大固定资产投资项目社会稳定风险评估暂行办法》	稳评范围、稳评主体、风险等级、稳评报告内容、风险处置等

《突发事件应对法》要求对突发事件发生的可能性、影响程度、风险级别等进行评估，第五条规定："突发事件应对工作实行预防为主、预防与应急相结合的原则。国家建立重大突发事件风险评估体系，对可能发生的突发事件进行综合性评估，减少重大突发事件的发

---

① 参见朱正威：《健全社会稳定风险评估机制》，《光明日报》2013 年 10 月 8 日。

生，最大限度减轻突发事件的影响。"又如第四十条规定："县级以上地方各级人民政府应当及时汇总分析突发事件隐患和预警信息，必要时组织相关部门、专业技术人员、专家学者进行会商，对发生突发事件的可能性及其可能造成的影响进行评估……"虽然该法未明确就环境"稳评"作出专门规定，但突发事件包含环境类突发事件，因此，作为一部突发事件应对的综合性法律，对重大环境决策的社会稳定风险评估仍然具有指导性，也是制定其他有关"稳评"的专项法规和规范性文件的基本依据。

2012年1月，中共中央办公厅、国务院办公厅印发《关于建立健全重大决策社会稳定风险评估机制的指导意见（试行）》①（下简称《指导意见》），这份关于"稳评"的《指导意见》，从"稳评"的范围和标准、评估主体和程序、评估结果运用和决策实施跟踪等方面对包含环境影响在内的六大方面的重大工程项目建设、重大政策制定等决策事项的社会稳定风险评估给予比较全面的指导，共十二个方面内容，其中下列五条规定直接与"稳评"相关：

第三条规定评估范围："凡是直接关系人民群众切身利益且涉及面广、容易引发社会稳定问题的重大决策事项，包括涉及征地拆迁、农民负担、国有企业改制、环境影响、社会保障、公益事业等方面的重大工程项目建设、重大政策制定以及其他对社会稳定有较大影响的重大决策事项，党政机关作出决策前都要进行社会稳定风险评估。"

第四条规定评估内容，也即评估标准，要求对需要进行社会稳定风险评估的重大决策事项，重点以合法性、合理性、可行性、可控性等为标准进行评估。

第五条规定评估主体："重大决策社会稳定风险评估工作由评估主体组织实施。地方党委和政府作出决策的，由党委和政府指定的部

---

① 《关于建立健全重大决策社会稳定风险评估机制的指导意见（试行）》，2018年9月29日，见http：//www.91brain.cn/zixun/show.html？id=13。本章《指导意见》条文引用均来源于此，引文不再逐条标注。

门作为评估主体。党委和政府有关部门作出决策的，由该部门或者牵头部门商其他有关部门指定的机构作为评估主体。需要多级党政机关作出决策的，由初次决策的机关指定评估主体，不重复评估。"此外，还指明了评估主体的具体组成。

第六条规定评估程序，包括四道程序：充分听取意见、全面分析论证、确定风险等级、提出评估报告。

第七条规定评估结果的运用，总的要求是："重大决策须经决策机关领导班子会议集体讨论决定，社会稳定风险评估结论要作为重要依据"，并规定根据风险评估等级采取不同的处理办法："评估报告认为决策事项存在高风险，应当区别情况作出不实施的决策，或者调整决策方案、降低风险等级后再行决策；存在中风险的，待采取有效的防范、化解风险措施后，再作出实施的决策；存在低风险的，可以作出实施的决策，但要做好解释说服工作，妥善处理相关群众的合理诉求。"

值得一提的是：为了贯彻落实《指导意见》精神，2014 年 1 月，中央维护稳定工作领导小组印发《关于贯彻中办发〔2012〕2 号文件的具体意见》①（下简称《具体意见》），针对《指导意见》中提出的评估范围、评估主体、风险等级确定、评估考核、维稳部门职责等要求进一步给予解释、说明、界定，更具可操作性。

为建立和规范重大固定资产投资项目社会稳定风险评估机制，2012 年 8 月，国家发展改革委印发《国家发展改革委重大固定资产投资项目社会稳定风险评估暂行办法》②（下简称《暂行办法》）。重大固定资产投资项目包含重大环境项目，《暂行办法》的出台，对于预防重大环境项目建设引发的群体性事件非常必要和及时。《暂行办法》

---

① 《关于贯彻中办发〔2012〕2 号文件的具体意见》，2017 年 6 月 30 日，见 http：// www. hnaabs. net/html/pinggufagui/shehuiwendingfengxianpinggufagui/2017/0630/213. html. 本章《具体意见》条文引用均来源于此，引文不再逐条标注。

② 《国家发展改革委重大固定资产投资项目社会稳定风险评估暂行办法》，2012 年 8 月 16 日，见 https：//www. ndrc. gov. cn/fggz/gdzctz/tzfg/201907/t20190717_ 1197572. htm. 本章《暂行办法》条文引用均来源于此，引文不再逐条标注。

对重大固定资产投资项目社会稳定风险评估范围、评估主体、风险等级、评估报告内容、风险处置等都有明确规定。例如：第二条指出"国家发展改革委审批、核准或者核报国务院审批、核准的在中华人民共和国境内建设实施的固定资产投资项目"适用本办法，这实际上明确了评估项目范围。第四条规定重大项目社会稳定风险等级为高风险、中风险、低风险三级。第五条规定评估报告的主要内容为"项目建设实施的合法性、合理性、可行性、可控性，可能引发的社会稳定风险，各方面意见及其采纳情况，风险评估结论和对策建议，风险防范和化解措施以及应急处置预案等"，同时还要求在作出社会稳定风险评估报告时征求各方意见："根据实际情况可以采取公示、问卷调查、实地走访和召开座谈会、听证会等多种方式听取各方面意见"，这标志着社会参与已经成为社会稳定风险评估的重要环节。第八条规定了评估报告的用途："评估主体作出的社会稳定风险评估报告是国家发展改革委审批、核准或者核报国务院审批、核准项目的重要依据"，并对不同风险等级如何处理提出要求："评估报告认为项目存在高风险或者中风险的，国家发展改革委不予审批、核准和核报；存在低风险但有可靠防控措施的，国家发展改革委可以审批、核准或者核报国务院审批、核准，并应在批复文件中对有关方面提出切实落实防范、化解风险措施的要求。"

除国家和政府主管部门外，全国不少地方也出台了有关社会稳定风险评估的实施文件，构建起了从上至下的社会稳定风险评估的基本制度体系。其中公众、社会组织等被纳入社会稳定风险评估的参与主体范围，表明多元主体协同、合作治理已有法可依。"各种规范性文件的出台和各地的'稳评'模式创新逐步搭建了中国'稳评'的制度框架，改变了'稳评'早期缺乏明确指导性依据的状况，使之朝着制度化、规范化、专业化方向发展。"[①] 对重大环境决策和重大环境项

---

① 刘泽照、朱正威：《掣肘与矫正：中国社会稳定风险评估制度十年发展省思》，《政治学研究》2015 年第 4 期。

目建设开展社会稳定风险评估工作，是社会风险治理的制度安排，通过制度化的途径有助于预防社会稳定风险发生，促进社会治理由"管治型"向制度化、法治化的"预防型"转变。但是，社会稳定风险评估制度及其执行仍存在一些不足，主要表现为：

第一，社会稳定风险评估的合法性问题有待解决。我国现有关于社会稳定风险评估的依据，主要是党政系统内部的工作指导类制度，不是立法机关制定的正式法律法规，表明社会稳定风险评估仍是以党政力量在推动，社会稳定风险评估的法律依据不充分，即"稳评"的合法地位尚未从根本上得到确认。"强调决策的法制化是西方国家行政决策风险评估制度的一个显著特点"①，为了充分发挥"稳评"的制度优势和应然功能，应该不断完善社会稳定风险评估的法制建构，加快顶层立法工作，通过立法形式提高"稳评"的法律地位和效力，实现"稳评"从柔性的"必经程序"向刚性的"法定程序"转变，②实现"稳评"结论从决策"参考"向决策"主导"转变，切实提升社会稳定风险评估的权威性。

第二，社会稳定风险评估的中立性难以保障。决策者、评估主体没有完全分离，角色模糊，如《关于建立健全重大决策社会稳定风险评估机制的指导意见（试行）》第五条规定："重大决策社会稳定风险评估工作由评估主体组织实施。地方党委和政府作出决策的，由党委和政府指定的部门作为评估主体。党委和政府有关部门作出决策的，由该部门或者牵头部门商其他有关部门指定的机构作为评估主体。"决策者可以指定评估主体，相当于"谁决策，谁评估"，无疑会影响决策的"稳评"的中立性与"稳评"结论的采用，导致某些决策事项"带病"通过"稳评"。

---

① 黄杰、朱正威、吴佳：《重大决策社会稳定风险评估法治化建设研究论纲》，《社会科学文摘》2016 年第 10 期。
② 参见黄杰、朱正威、吴佳：《重大决策社会稳定风险评估法治化建设研究论纲——基于政策文件和地方实践的探讨》，《中国行政管理》2016 年第 7 期。

第三，社会稳定风险评估标准的模糊性。模糊性是指制度规定中一系列难以客观化、标准化和操作化的原则性指导要求，[1] 现行作为指导性意见的"稳评"制度，主要确定了原则性指导框架，还存在具体操作的模糊空间。例如：《国家发展改革委重大固定资产投资项目社会稳定风险评估暂行办法》（下简称《暂行办法》）规定重大投资项目社会稳定风险为高、中、低三个等级，但缺少风险等级划分的确切标准，仅提出风险等级划分要"征询相关群众意见，查找并列出风险点、风险发生的可能性及影响程度"，对于群众意见评判，《暂行办法》要求把群众人数和意见强烈程度，作为划分高、中、低风险依据，但群众人数多少无明确规定，意见强烈程度判断也具有主观性。此外，查找并列出"风险发生的可能性及影响程度"之要求，也不合理，风险等级的确定本身就是判断风险发生的可能性及影响程度，又如何判断风险发生的可能性及影响程度呢？这岂不陷入死循环？由于缺乏具体明确的风险等级评估指标体系，就给确定风险等级实际操作留下自由裁量空间，可能使有的地方政府为了某些重大固定资产投资项目上马，故意降低风险等级。这也是一些被官方宣布"高票"通过的所谓低风险项目，在开工之时就遭到公众坚决抵制的原因所在。

第四，"稳评"结果透明度不高。《关于建立健全重大决策社会稳定风险评估机制的指导意见（试行）》对于"稳评"结果的运用，要求："作出决策后，决策机关要将评估报告送同级维稳部门。决策机关和有关部门及其工作人员要遵守工作纪律，对社会稳定风险评估报告和会议讨论情况严格保密。"对会议讨论情况严格保密有一定必要，但社会稳定风险评估报告是否需要严格保密，还值得进一步研究，应该根据具体情况有条件公开，让利益相关者有知情权。

---

① 参见刘泽照、朱正威：《掣肘与矫正：中国社会稳定风险评估制度十年发展省思》，《政治学研究》2015 年第 4 期。

第二节 环境问题治理体制的法制建设

环境问题治理体制是有关环境问题治理的组织结构及其关系的制度安排。多元主体参与、权责清晰的环境问题治理体制是提高环境问题治理效能的重要保障条件。党的十九大报告明确提出"着力解决突出环境问题","构建政府为主导、企业为主体、社会组织和公众共同参与的环境治理体系。"① 无论生态环境保护、环境污染治理，还是环境群体性事件的治理，都需要创新治理体制，改进治理方式，不断强化党委领导下的政府主导作用，鼓励企业、公众等社会主体广泛参与，实现政府治理、社会自我调节、居民自治良性互动。

一、多元主体参与治理的法制建设

环境问题的治理体制涉及治理主体结构、主体参与权责界定等内容，现行多部法律法规对环境问题治理中的多元主体结构及其权责都作出明确规定，下面结合相关法律法规内容进行梳理总结。

《环境保护法》作为一部环境领域的综合性、基础性法律，"地位高、法律严、制度全"是其显著特点。该法在环境污染监督、环境保护及防治等方面，明确了政府、企业与公民等多元主体的法律权利和责任，为多元主体参与环境保护提供了法律依据。② 该法的大部分条款对各级人民政府及其主管部门在监督管理、保护和改善环境、防治污染和其他公害、信息公开等方面的权责作出规定。例如，第八条规定："各级人民政府应当加大保护和改善环境、防治污染和其他公害

---

① 习近平：《决胜全面建成小康社会　夺取新时代中国特色社会主义伟大胜利》，2017 年 10 月 27 日，见 http://www.xinhuanet.com/2017-10/27/c_1121867529.htm。
② 参见楚晨：《逻辑与进路：环评审批中如何引入基于环境公益的公众参与》，《中国人口·资源与环境》2019 年第 12 期。

的财政投入，提高财政资金的使用效益。"第九条规定："各级人民政府应当加强环境保护宣传和普及工作"。第十三条规定："县级以上人民政府应当将环境保护工作纳入国民经济和社会发展规划。"第二十八条规定："地方各级人民政府应当根据环境保护目标和治理任务，采取有效措施，改善环境质量。"第五十三条规定："各级人民政府环境保护主管部门和其他负有环境保护监督管理职责的部门，应当依法公开环境信息、完善公众参与程序，为公民、法人和其他组织参与和监督环境保护提供便利。"

此外，《环境保护法》还对企事业单位、社会组织、公众在环境保护与污染治理中的权责作出规定。例如，第五条规定："环境保护坚持保护优先、预防为主、综合治理、公众参与、损害担责的原则。"第六条规定："企业事业单位和其他生产经营者应当防止、减少环境污染和生态破坏，对所造成的损害依法承担责任。公民应当增强环境保护意识，采取低碳、节俭的生活方式，自觉履行环境保护义务。"第九条规定："教育行政部门、学校应当将环境保护知识纳入学校教育内容，培养学生的环境保护意识。新闻媒体应当开展环境保护法律法规和环境保护知识的宣传，对环境违法行为进行舆论监督。"第五十三条规定："公民、法人和其他组织依法享有获取环境信息、参与和监督环境保护的权利。"第五十七条规定："公民、法人和其他组织发现任何单位和个人有污染环境和破坏生态行为的，有权向环境保护主管部门或者其他负有环境保护监督管理职责的部门举报。"

《突发事件应对法》作为一部综合性的应急管理法律，对多元主体参与突发事件应对作出相关规定。由于突发事件涵盖环境类突发事件，该法仍然适用于环境领域内的突发事件应对。该法对国家、政府主体在突发事件的预防与应急准备、监测与预警、应急处置与救援、事后恢复与重建等应对过程中的权责作出了全面的规定。例如，第七条规定："县级人民政府对本行政区域内突发事件的应对工作负责；涉及两个以上行政区域的，由有关行政区域共同的上一级人民政府负责，或者由各有关行政区域的上一级人民政府共同负责。"第九条规定："国务院和县级以上地方各级人民政府是突发事件应对工作的行政领导机关，其办事机构及具体职责由国务院规定。"第十七条规定："地方各级人民政府和县级以上地方各级人民政府有关部门根据有关法律、法规、规章、上级人民政府及其有关部门的应急预案以及本地区的实际情况，制定相应的突发事件应急预案。"第三十九条规定："地方各级人民政府应当按照国家有关规定向上级人民政府报送突发事件信息。"

此外，《突发事件应对法》还对企事业单位、公众、社会组织参与突发事件应对的权责作出规定。例如，第十一条规定："公民、法人和其他组织有义务参与突发事件应对工作。"第二十六条规定："单位应当建立由本单位职工组成的专职或者兼职应急救援队伍。"第二十九条规定："居民委员会、村民委员会、企业事业单位应当根据所在地人民政府的要求，结合各自的实际情况，开展有关突发事件应急知识的宣传普及活动和必要的应急演练。新闻媒体应当无偿开展突发事件预防与应急、自救与互救知识的公益宣传。"第三十条规定："各级各类学校应当把应急知识教育纳入教学内容，对学生进行应急知识教育，培养学生的安全意识和自救与互救能力。"

除以上两部综合性法律外，作为部门环境法的《水污染防治法》《大气污染防治法》《城乡规划法》，也分别在各自领域对多元主体参与污染治理和规划制定实施作出相应规定。下面简要列举相关规定：

《水污染防治法》对水污染防治、水环境治理中的不同主体参与作出规定。例如，第十一条规定："任何单位和个人都有义务保护水环境，并有权对污染损害水环境的行为进行检举。"此外，对于法律服务机构、律师、社会团体参与水污染纠纷治理，第九十九条规定："环境保护主管部门和有关社会团体可以依法支持因水污染受到损害的当事人向人民法院提起诉讼。国家鼓励法律服务机构和律师为水污染损害诉讼中的受害人提供法律援助。"

《大气污染防治法》明确规定在制定大气环境质量标准、大气污染物排放标准时，需要征求各方面意见。例如，第十条规定："制定大气环境质量标准、大气污染物排放标准，应当组织专家进行审查和论证，并征求有关部门、行业协会、企业事业单位和公众等方面的意见。"第十四条规定："编制城市大气环境质量限期达标规划，应当征求有关行业协会、企业事业单位、专家和公众等方面的意见。"

《城乡规划法》从城乡规划的制定、实施等环节规定单位、个人、专家等多元主体的参与及其程序。例如，第十八条规定："乡规划、村庄规划（制定）应当从农村实际出发，尊重村民意愿，体现地方和农村特色。"第二十七条对规划审查主体作出规定："省域城镇体系规划、城市总体规划、镇总体规划批准前，审批机关应当组织专家和有关部门进行审查。"此外，第四十六条对规划实施的参与主体作出规定："省域城镇体系规划、城市总体规划、镇总体规划的组织编制机关，应当组织有关部门和专家定期对规划实施情况进行评估，并采取论证会、听证会或者其他方式征求公众意见。"

此外，《环境影响评价法》也就多元主体参与"环评"作出规定，要求有关单位、专家和公众以适当方式参与环境影响评价，如规定"规划项目""建设项目"在规划草案、建设项目环境影响报告书草案审批前，举行论证会、听证会，或者采取其他形式，征求有关单位、专家和公众的意见。其他具体规定在前述"环评"部分已有具体介绍，兹不赘述。

可见，《水污染防治法》《大气污染防治法》《城乡规划法》《环境影响评价法》等都对各自适用范围内的多元主体参与有具体规定，为多元主体参与水污染防治、大气污染防治、城乡规划和环境影响评价提供了法律依据，保障了各主体参与环境保护和治理的权利。

二、多元主体参与治理的法制建设评述

多元主体参与环境问题治理，就治理结构来说，是一种环境网络治理结构，"需要政府、社会以及市场在互相认同、彼此信任、达成

共识、集体行动的基础上，实现三者对生态环境的合作治理，最终取得生态环境保护的最佳绩效"①。环境问题涉及多主体的利益，就重大环境项目而言，涉及各级政府、社会组织、企业以及公众等的复杂利益，并以主体间权责关系为中心展开权力、责任分配，"责任与权力是赋予主体主观能动性与体现主体实质价值的要素"②。环境问题治理结构的网络化有利于促进治理主体的平等、增强治理主体间的相互合作以及有效提升治理效果。环境网络治理结构，本质上也是一种合作共治结构，网络治理的顺畅高效运行是通过多元主体之间的权责关系的明晰化来实现的，这离不开法律的支撑，从我国现行相关法律来看，已经对此作出相关规定，基本实现了有法可依，然而，存在的问题也不可忽视。

第一，现行法律法规在结构上存在单一性。环境问题的合作治理，涵盖内容和环节多，从环境问题治理过程来看：一是事前治理，即指环境规划、环境污染治理、环境项目建设等容易引发环境污染或安全问题的源头阶段的治理；二是事后治理，即指环境群体性事件发生后的治理，主要针对突发事件的处置工作。从现行法律法规的内容结构来看，主要是针对事前治理的法律法规和规范性文件，如法律法规方面有：《环境保护法》《环境影响评价法》《水污染防治法》《大气污染防治法》《城乡规划法》，规范性文件方面有：《关于建立健全重大决策社会稳定风险评估机制的指导意见（试行）》《国家发展改革委重大固定资产投资项目社会稳定风险评估暂行办法》《环境影响评价公众参与办法》。而针对事发后治理的法律法规很少，仅有一部《中华人民共和国突发事件应对法》，规范性文件方面仅有《国家突发事件总体应急预案》，并且是通用法律或通用规范性文件，对环境群

---

① 沈费伟、刘祖云：《合作治理：实现生态环境善治的路径选择》，《中州学刊》2016 年第 8 期。

② 朱正威、白鹭、黄杰：《重大项目社会稳定风险评估的主体、权力与责任——基于文本分析与个案研究的初步证据》，《甘肃行政学院学报》2015 年第 4 期。

体性事件治理的针对性不强，适用性差。环境问题源头治理法制建设固然重要，但是，环境群体性事件在各地普遍发生，成为地方常态化的应急管理工作，也亟待专门法律法规指导。环境群体性事件的治理特殊性强，与环境污染治理和环境保护工作有很大的不同，事前阶段的法制建设不能代替事发（中）阶段的法制建设。因此，环境群体性事件治理的法制建设有待进一步加强。

第二，基于多元主体合作治理的法律法规欠健全。再进一步综合分析现行环境问题治理领域的法律法规条款不难发现，其内容侧重点是基于多元主体参与治理的规定，仅指明了每种主体在环境问题治理中分别应该履行的法律权利与义务，是从静态与应然层面作出的规定，虽然明确了环境问题治理中的多元利益主体参与及其各自的权责，但是，难以界定多元主体的合作共治关系。从合作治理的特点和要求来看，合作治理不只是需要多元主体分别参与治理，还应该形成纵向上的各层次主体与横向上的各类主体交织的网络治理结构，这要求各级各类主体在合作治理体系中达成平等的权责分工和匹配。只有在同一时空和对象场景下，各参与主体的权责科学匹配，有效耦合，才能真正实现合作治理。可见，合作治理对系统内部各主体的平等、多维互动提出了很高的要求：一方面，需要依靠系统自身的自组织机制；另一方面，离不开系统外部的他组织作用，即法规制度的作用。但是，环境问题治理的现行法律法规和规范性文件，只确定了环境问题治理参与主体的构成以及各主体的权利义务，还没有进一步解决合作治理的核心问题，离实现合作治理的要求尚有差距。

第三，在反映多元主体参与治理的多维关系方面存在简单化局限。如上所述，现行法律法规在保障多元主体合作治理方面有所欠缺，此外，对于多元主体参与治理的地位、角色和权责匹配也缺乏具体化、针对性的界定，比较简单化。现行法律法规虽然确定了多元主体参与环境问题治理这一理念和原则，但只是基于每一种利益相关主体分别作出权责规定，从合作共治、动态共治的要求来看还满足不了实践需要。多元主体参与环境治理，涵盖不同领域和不同阶段，是一个比较复杂的交互关系，而不是一个简单的线性关系，这要求法律法规能够反映实践中客观存在的多元主体参与治理的不同关系模式。从各主体地位、权责关系划分看，治理模式可分为协同治理模式、合作治理模式，二者的适用对象、范围是不同的。从环境问题治理的特点、目标、任务需要来看，协同治理模式比较适用于事前阶段的治理，具体讲就是环境污染治理、环境保护、环境规划制定、环境项目建设等，这些工作的实施，需要大量的人、财、物投入以及法律和政策支撑，必须以政府为主导、为中心构建社会参与的协同治理模式；而环境群体性事件发生后的处置，主要任务是解决矛盾纠纷，平衡利益关系问题，需要各利益相关主体平等协商、沟通，增进共识和互信，这就离不开合作治理模式。再进一步看，无论是事前还是事发后的治理，对于不同环境领域问题的治理，都有一个阶段性，多元主体的参与，未必需要同时、同力度参与，而要根据目标任务需要，根据各主体的特长和优势，分阶段有序介入，形成合理科学的力量、资源匹配。可见，多元主体参与环境问题治理，各主体间存在多维的交互关系，相关法律法规只有精准定位，对症施策，才能有效发挥其保障支撑作用。现行法律法规的通用性、简单化规定，难以解决合作治理或协同治理的复杂性问题。当然，法律法规本身具有宏观性、原则性的特点，不可要求能解决所有具体问题，这就需要有相关的实施办法、细则以及政策文件予以补充配套，而后者也比较偏少。

第三节　环境问题治理机制的法制建设

环境问题的多元主体参与治理，不仅涉及复杂的组织结构体系即体制问题，而且还要考虑结构体系中各要素的有效衔接和有效运行，这在本质上是一个治理机制的问题，建立治理机制有助于系统的和谐有序、运行的顺畅高效。而机制又是通过法律法规或制度等载体来建构的。环境问题的治理机制可以从不同角度进行审视和构建,有研究者提出了两种环境治理机制:一是环境风险预防、规避,主要是通过环境行政确立各种环境标准和制定各种管制措施,对企业的环境风险行为进行规制;二是对环境侵害采用环境侵权制度追究责任,以有效救济受害者。① 还有研究者基于治理过程认为,环境问题治理"重在预防、贵在落实",应该构建以环境问题应急响应全过程为主线,② 建立健全以"预警预防机制为基础、应急处置机制为治标"③ 的环境问题治理机制。本部分侧重以动态过程为视角,对环境问题监测预警与应急处置的现行法律法规展开分析。

一、环境问题治理监测预警机制的法制建设

无论是环境问题还是环境群体性事件的治理,都必须首先树立预防为主的思想,建立健全监测预警机制。环境问题治理的监测预警主要涉及环境风险征兆的发现、监测、风险研判、风险等级确定、风险报告发布、应急预案制定等环节,属于应急预防与准备工作范畴。

《突发事件应对法》确定的预防为主原则,为突发事件的监测预警机制建立提供了依据。第五条规定:"突发事件应对工作实行预防为主、预防与应急相结合的原则。国家建立重大突发事件风险评估体系,对可能发生的突发事件进行综合性评估,减少重大突发事件的发生,最大限度地减轻重大突发事件的影响。"第十七条对制定突发事件应急预案作出规定:"国家建立健全突发事件应急预案体系。国务院制定国家突发事件总体应急预案,组织制定国家突发事件专项应急

---

① 参见黄中显:《环境风险治理碎片化与社会合作治理机制的生成》,《学术论坛》2016年第4期。

② 参见中国行政管理学会课题组:《政府应急管理机制研究》,《中国行政管理》2005年第1期。

③ 傅金珍:《群体性事件治理机制探析》,《中共福建省委党校学报》2009年第10期。

预案；国务院有关部门根据各自的职责和国务院相关应急预案，制定国家突发事件部门应急预案。地方各级人民政府和县级以上地方各级人民政府有关部门根据有关法律、法规、规章、上级人民政府及其有关部门的应急预案以及本地区的实际情况，制定相应的突发事件应急预案。"各级各类预案体系的建设，使预防为主原则得以具体化和落地。第四十一条要求"国家建立健全突发事件监测制度"，第四十二条要求"国家建立健全突发事件预警制度"。

《突发事件应对法》是我国应急管理领域的唯一一部综合性法律，对突发事件应对全过程作出全面规定。该法确立了突发事件预防与应急准备、监测与预警、应急处置与救援、事后恢复与重建等应对工作流程，明确了突发事件事前预防监测、事中应急处置与救援以及事后恢复重建的动态治理过程，形成了预警预防与应急处置相结合的突发事件治理机制。[①] 这对包括突发环境事件在内的各类突发事件的监测预警机制建立都具有普遍指导性。

《环境保护法》以《突发事件应对法》为依据，具体规定了国家建立监测数据共享机制、公共监测预警机制以保护生态环境。例如，第十七条对监测制度做了补充，强化了对监测信息的监管："国家建立、健全环境监测制度。国务院环境保护主管部门制定监测规范，会同有关部门组织监测网络，统一规划国家环境质量监测站（点）的设置，建立监测数据共享机制，加强对环境监测的管理。"第十八条对新增环境资源承载能力监测预警机制作出规定："省级以上人民政府应当组织有关部门或者委托专业机构，对环境状况进行调查、评价，建立环境资源承载能力监测预警机制。"此外，《环境保护法》还规范整合了重点污染物排放总量控制和区域限批制度。

总之，《环境保护法》所规定的环境监测数据共享机制、公共监测预警机制、防治协调机制、公众参与机制以及重点污染物排放总量

---

① 参见莫纪宏：《〈突发事件应对法〉及其完善的相关思考》，《理论视野》2009年第4期。

控制和区域限批制度等，从环境风险预警、治理手段、治理模式、区域治理等方面，立足于环境问题产生的源头因素，为突发环境事件以及环境群体性事件的治理提供了机制保障。

《水污染防治法》规范了各级政府、有关部门、企业事业单位对突发水污染事故的预警处置机制。例如，第三条提出"水污染防治应当坚持预防为主、防治结合、综合治理的原则"，为建立水污染防治的预警处置机制提供了法律依据。第七十六条规定："各级人民政府及其有关部门，可能发生水污染事故的企业事业单位，应当依照《中华人民共和国突发事件应对法》的规定，做好突发水污染事故的应急准备、应急处置和事后恢复等工作。"第七十七条对水污染事故应急方案、应急演练作出规定："可能发生水污染事故的企业事业单位，应当制定有关水污染事故的应急方案，做好应急准备，并定期进行演练。"第七十九条要求编制饮用水安全突发事件应急预案："市、县级人民政府应当组织编制饮用水安全突发事件应急预案。"

除了规定建立预警处置机制外，《水污染防治法》还要求建立环境资源承载能力预警机制，如第二十九条规定："国务院环境保护主管部门和省、自治区、直辖市人民政府环境保护主管部门应当会同同级有关部门根据流域生态环境功能需要，明确流域生态环境保护要求，组织开展流域环境资源承载能力监测、评价，实施流域环境资源承载能力预警。"该法所确定的预警处置机制、联合协调机制、环境资源承载能力预警机制以及风险管理机制等，丰富和创新了水污染防治机制，提升了水污染事故的应急处置能力。

《大气污染防治法》也对大气污染领域的监测预警作出系列规定。例如，第九十三条规定："国家建立重污染天气监测预警体系。国务院生态环境主管部门会同国务院气象主管机构等有关部门、国家大气污染防治重点区域内有关省、自治区、直辖市人民政府，建立重点区域重污染天气监测预警机制，统一预警分级标准。""省、自治区、直辖市、设区的市人民政府生态环境主管部门会同气象主管机构等有关部门建立本行政区域重污染天气监测预警机制。"第九十四条要求"省、自治区、直辖市、设区的市人民政府以及可能发生重污染天气的县级人民政府，应当制定重污染天气应急预案"。第九十五条规定："省、自治区、直辖市、设区的市人民政府根据重污染天气预报信息，进行综合研判，确定预警等级并及时发出预警。"

二、环境问题治理应急处置机制的法制建设

突发环境事件或者环境群体性事件一旦不可避免发生，就从预防阶段进入应急处置阶段。应急处置由一系列环节构成，以应急预案为依据，采取各种应急措施，将突发事件尽快控制平息，以最大限度减少损失和影响。相关法律对应急处置机制作出了规定。

《突发事件应对法》第四十八条规定了建立突发事件应急处置机制："突发事件发生后，履行统一领导职责或者组织处置突发事件的人民政府应当针对其性质、特点和危害程度，立即组织有关部门，调动应急救援队伍和社会力量，依照本章的规定和有关法律、法规、规章的规定采取应急处置措施。"该法律内容虽然不是针对环境问题应急处置的，但作为综合性法律，仍然具有适用性。

《环境保护法》要求建立联合防治机制、多元主体参与机制等应急处置机制。例如，第二十条规定："国家建立跨行政区域的重点区域、流域环境污染和生态破坏联合防治协调机制，实行统一规划、统一标准、统一监测、统一的防治措施。"第四十七条规定："各级人民政府及其有关部门和企业事业单位，应当依照《中华人民共和国突发事件应对法》的规定，做好突发环境事件的风险控制、应急准备、应急处置和事后恢复等工作。环境受到污染，可能影响公众健康和环境安全时，依法及时公布预警信息，启动应急措施。在发生或者可能发生突发环境事件时，企业事业单位应当立即采取措施处理，及时通报可能受到危害的单位和居民，并向环境保护主管部门和有关部门报告。"《环境保护法》第五章对"信息公开和公众参与"也有专门要

求，前文已详细介绍，兹不赘述。

《水污染防治法》以《环境保护法》为依据，规定了水污染事故应急措施、饮用水安全突发事件的应急处理措施。例如，第七十八条规定："企业事业单位发生事故或者其他突发性事件，造成或者可能造成水污染事故的，应当立即启动本单位的应急方案，采取隔离等应急措施，防止水污染物进入水体，并向事故发生地的县级以上地方人民政府或者环境保护主管部门报告。环境保护主管部门接到报告后，应当及时向本级人民政府报告，并抄送有关部门。"此外，《水污染防治法》还规定建立水环境保护联合协调机制、风险管理机制。例如，第二十八条规定："国务院环境保护主管部门应当会同国务院水行政等部门和有关省、自治区、直辖市人民政府，建立重要江河、湖泊的流域水环境保护联合协调机制，实行统一规划、统一标准、统一监测、统一的防治措施。"第三十二条规定："国务院环境保护主管部门应当会同国务院卫生主管部门，根据对公众健康和生态环境的危害和影响程度，公布有毒有害水污染物名录，实行风险管理。"《水污染防治法》还设有第六章，以整章条文对政府和企业事业单位等水污染防治责任进行界定。

《大气污染防治法》第九十六条规定了大气污染防治的应急措施："县级以上地方人民政府应当依据重污染天气的预警等级，及时启动应急预案，根据应急需要可以采取责令有关企业停产或者限产、限制部分机动车行驶、禁止燃放烟花爆竹、停止工地土石方作业和建筑物拆除施工、停止露天烧烤、停止幼儿园和学校组织的户外活动、组织开展人工影响天气作业等应急措施。"

综上可见，《突发事件应对法》《环境保护法》分别是关于突发事件、突发环境事件应对的两部综合性法律，规定了突发事件、突发环境事件应对全过程中各级各类主体相关的权利和义务，原则性、指导性较强。而《水污染防治法》《大气污染防治法》属于专项法律，从其具体内容来看，都以两部综合法律为依据，结合水污染、大气污染治理领域的实际情况，对污染源的监测预警、风险管控、预案编制、污染突发事件应急处置、信息公开报告、各类主体参与等要素作出了更具体的规定。

第四节　环境问题治理手段的法制建设

环境问题治理手段是环境问题治理的各种具体方式、方法的统称，属于治理工具和形式范畴，是为治理内容服务的。随着环境问题涉及的主体利益结构日益复杂化，以及政府治理方式的不断变革创新，环境问题治理的手段也日益丰富全面。根据不同类型的环境问题的治理目标和治理途径，治理手段可以划分为多种类型。现已形成以许可、标准等为代表的管制手段，以税、费补贴等为代表的经济手段，以信息公开、服务为代表的信息手段，以论证听证会等为代表的社会手段以及以教育、科技等为代表的教育手段。① 而且，环境问题的治理手段已被纳入环境法制建设轨道，在相关法律法规中都有具体的规定。

一、环境问题治理管制手段的法制建设

管制即强制管理，是一种刚性的治理手段，在环境问题治理领域主要体现为排污标准规范和排污许可证制度。我国现行相关法律对此有明确规定，用法律手段监管企事业单位和其他生产经营者的排污行为，对于环境问题的治理起到了源头治理作用。

《环境保护法》将排污许可证制度作为一项基本的环境管理制度明确下来，规定企业事业单位和其他生产经营者应当按照排污许可证的要求排放污染物，② 如第四十五条规定："国家依照法律规定实行排

---

① 参见吕丹：《环境公民社会视角下的中国现代环境治理系统研究》，《城市发展研究》2007 年第 6 期。

② 参见刘洪岩：《从文本到问题：有关新〈环境保护法〉的分析和评述》，《辽宁大学学报》（哲学社会科学版）2014 年第 6 期。

污许可管理制度。实行排污许可管理的企业事业单位和其他生产经营者应当按照排污许可证的要求排放污染物；未取得排污许可证的，不得排放污染物。"2020 年 12 月 9 日，国务院第 117 次常务会议通过《排污许可管理条例》，自 2021 年 3 月 1 日起施行。该条例共六章五十一条，是对排污许可制度的具体化，使排污许可管理制度更具可操作性。

此外，《环境保护法》还对环境质量标准、污染物排放标准进行了规范。例如，第十五条规定："国务院环境保护主管部门制定国家环境质量标准。省、自治区、直辖市人民政府对国家环境质量标准中未作规定的项目，可以制定地方环境质量标准；对国家环境质量标准中已作规定的项目，可以制定严于国家环境质量标准的地方环境质量标准。"第十六条规定："国务院环境保护主管部门根据国家环境质量标准和国家经济、技术条件，制定国家污染物排放标准。省、自治区、直辖市人民政府对国家污染物排放标准中未作规定的项目，可以制定地方污染物排放标准；对国家污染物排放标准中已作规定的项目，可以制定严于国家污染物排放标准的地方污染物排放标准。"

同样，《水污染防治法》《大气污染防治法》也对排污标准制度、排污许可证管理制度作出规定。例如，《水污染防治法》第十四条规定："国务院环境保护主管部门根据国家水环境质量标准和国家经济、技术条件，制定国家水污染物排放标准。省、自治区、直辖市人民政府对国家水污染物排放标准中未作规定的项目，可以制定地方水污染物排放标准；对国家水污染物排放标准中已作规定的项目，可以制定严于国家水污染物排放标准的地方水污染物排放标准。"第二十一条规定："直接或者间接向水体排放工业废水和医疗污水以及其他按照规定应当取得排污许可证方可排放的废水、污水的企业事业单位和其他生产经营者，应当取得排污许可证；城镇污水集中处理设施的运营单位，也应当取得排污许可证。"《大气污染防治法》第十八条规定："向大气排放污染物的，应当符合大气污染物排放标准，遵守重点大气污染物排放总量控制要求"。第十九条规定:"排放工业废气或者本法第七十八条规定名录中所列有毒有害大气污染物的企业事业单位、集中供热设施的燃煤热源生产运营单位以及其他依法实行排污许可管理的单位,应当取得排污许可证。"

《环境保护法》《水污染防治法》《大气污染防治法》等法律为规范排污标准、排污许可管理提供了法律支撑,具有原则性、指导性,而新通过的《排污许可管理条例》,作为一部行政法规,更具可操作性,有助于排污许可管理制度落地。实施排污标准限定和排污许可管理制度是改革我国环境污染治理的一项基础性制度,具有刚性约束力,对于从源头上减少和遏制污染危害,预防环境污染事件的发生,进而减少环境群体性事件的发生具有重要的意义。

二、环境问题治理经济手段的法制建设

在市场经济背景下,经济手段不失为一种治理环境问题的必要手段,体现了环境激励原则和"污染付费"的公平原则。《环境保护法》《环境影响评价法》《水污染防治法》《大气污染防治法》等法律,规定综合运用财政、税收、价格、政府采购等多种经济手段减少污染物的排放,强化环境污染防治,推进生态文明建设。

《环境保护法》涉及的相关条文较多。例如,第二十一条规定:"国家采取财政、税收、价格、政府采购等方面的政策和措施,鼓励和支持环境保护技术装备、资源综合利用和环境服务等环境保护产业的发展。"第二十二条规定:"企业事业单位和其他生产经营者,在污染物排放符合法定要求的基础上,进一步减少污染物排放的,人民政府应当依法采取财政、税收、价格、政府采购等方面的政策和措施予以鼓励和支持。"第四十三条规定:"排放污染物的企业事业单位和其他生产经营者,应当按照国家有关规定缴纳排污费。"该法从第五十九条到第六十三条还规定了对违法排放污染物,污染物超标、超总量以及违反信息公开制度等行为进行环境行政处罚。

此外，《环境影响评价法》《水污染防治法》《大气污染防治法》《城乡规划法》，也规定了不同的处罚措施，如对建设项目未评先建行为罚款，收取污水处理费用，大气污染罚款等。

以法律的形式规定运用财政、税收、行政罚款等经济手段对污染物排放加以干预和治理，运用市场机制影响环境主体的决策行为，可促使环境主体在实现自身利益的同时减少污染物的排放。环境经济手段是以内化环境行为的外部性为原则，有助于环境主体基于环境资源利益的调整，有效推进环保技术创新、降低环境治理与行政监控成本。[①] 此外，税费补贴政策也可以刺激环境保护主体的行为，激励环境保护主体投入更多的资源进行生态环境的改善，进而实现环境保护的有效约束。

三、环境问题治理信息手段的法制建设

所谓信息手段，是指环境信息的公开手段，是环境问题治理的一种监督性手段。学界对环境信息公开的范围、内容，有不同的理解视角，如有研究者认为：环境信息公开是指将与环境保护有关的各种显性和隐性的信息加以收集整理，并在一定范围内以适当形式公开，用以提供各种刺激与激励机制，从而改进环境行为，改善环境质量。[②]与"环境保护有关"的信息虽然是环境信息，应该属于公开的范围，但是环境信息不仅限于此，环境政策、环境规划、环境污染、环境安全、环境项目建设中的各类信息，无论是正面还是负面信息，都应该是环境信息，都需要公开，要树立大公开的思想。信息公开不等同于政府、企事业单位内部下级向上级报告信息，而是指向社会发布信息。环境信息公开程度是对环境治理透明度的测评，在我国多部法律法规和规范性文件中都有环境信息公开的规定。

---

① 参见张立、尤瑜：《中国环境经济政策的演进过程与治理逻辑》，《华东经济管理》2019年第7期。
② 参见贺桂珍、吕永龙、张磊等：《中国政府环境信息公开实施效果评价》，《环境科学》2011年第11期。

《环境保护法》第五章对"信息公开和公众参与"作出全面规定。该章规定了基本的环境信息权、参与权和监督权，政府的环境信息义务，重点排污单位信息义务，环境影响评估材料的公开，环境举报权以及环境公益诉讼。① 其中，第五十三条规定："公民、法人和其他组织依法享有获取环境信息、参与和监督环境保护的权利。各级人民政府环境保护主管部门和其他负有环境保护监督管理职责的部门，应当依法公开环境信息、完善公众参与程序，为公民、法人和其他组织参与和监督环境保护提供便利。"第五十四条规定："国务院环境保护主管部门统一发布国家环境质量、重点污染源监测信息及其他重大环境信息。省级以上人民政府环境保护主管部门定期发布环境状况公报。县级以上人民政府环境保护主管部门和其他负有环境保护监督管理职责的部门，应当依法公开环境质量、环境监测、突发环境事件以及环境行政许可、行政处罚、排污费的征收和使用情况等信息。"《环境保护法》将"信息公开和公众参与"列为专章，彰显了对公民、法人和社会组织的环境知情权、参与权、举报权和监督权保护的重视，有助于加快我国环境治理的民主化进程。

其他几部法律也有环境信息公开方面的规定。例如，《环境影响评价法》第二十条规定："负责审批建设项目环境影响报告书、环境影响报告表的生态环境主管部门应当将编制单位、编制主持人和主要编制人员的相关违法信息记入社会诚信档案，并纳入全国信用信息共享平台和国家企业信用信息公示系统向社会公布。"《水污染防治法》第十七条规定：有关市、县级人民政府应当将水环境质量改善目标限期达标规划"报上一级人民政府备案，并向社会公开"。《大气污染防治法》第十一条规定："省级以上人民政府生态环境主管部门应当在其网站上公布大气环境质量标准、大气污染物排放标准，供公众免费查阅、下载。"《城乡规划法》第二十六条规定："城乡规划报送审批

---

① 参见沈百鑫：《论〈环境保护法〉的进一步完善》，《中国政法大学学报》2015 年第 2 期。

前，组织编制机关应当依法将城乡规划草案予以公告，并采取论证会、听证会或者其他方式征求专家和公众的意见。"

以上环境方面的法律规定表明，环境信息公开在我国并无法律缺失，现行法律都鼓励支持环境信息公开；同时，也不存在信息公开的技术障碍，现代信息技术和新媒体的发展为环境信息公开提供了更加便捷的技术保障。我国环境信息公开已有较大进步，但还不尽如人意，主要问题是信息公开的有限性。究其原因，除了公开主体的观念和态度存在问题，还与一些法规的模糊性有关，导致地方政府和单位有较大的自由裁量权。因此，需进一步完善环境信息公开的法制建设，特别是制定具有可操作性的实施细则。

四、环境问题治理社会手段的法制建设

环境问题治理的社会手段，主要是指公众、社会组织参与环境决策的各种活动形式，常见的有论证会、意见征询会、听证会，运用社会手段的目的在于吸纳民意、汇聚民智，有助于保障社会主体的参与权，实现多元主体合作共治。现行法律对此有相关规定。

《环境影响评价法》对专项规划、建设项目的报批前置程序作出规定。例如，第十一条规定："专项规划的编制机关对可能造成不良环境影响并直接涉及公众环境权益的规划，应当在该规划草案报送审批前，举行论证会、听证会，或者采取其他形式，征求有关单位、专家和公众对环境影响报告书草案的意见。"第二十一条规定："除国家规定需要保密的情形外，对环境可能造成重大影响、应当编制环境影响报告书的建设项目，建设单位应当在报批建设项目环境影响报告书前，举行论证会、听证会，或者采取其他形式，征求有关单位、专家和公众的意见。"

《大气污染防治法》第十条规定："制定大气环境质量标准、大气污染物排放标准，应当组织专家进行审查和论证，并征求有关部门、行业协会、企业事业单位和公众等方面的意见。"

《城乡规划法》第二十六条规定："城乡规划报送审批前，组织编制机关应当依法将城乡规划草案予以公告，并采取论证会、听证会或者其他方式征求专家和公众的意见。"第四十六条规定："省域城镇体系规划、城市总体规划、镇总体规划的组织编制机关，应当组织有关部门和专家定期对规划实施情况进行评估，并采取论证会、听证会或者其他方式征求公众意见。"

以上几部法律都规定有关方面应当采取论证会、听证会，或者采取其他形式，征求有关单位、专家和公众的意见，这为社会主体参与环境规划制定、环境影响评估等事项提供了法律依据，有利于保证环境决策的科学化、民主化。但是，在一些地方和单位，法律执行不力，社会主体的参与有时陷入形式化，如一些听证会、论证会的多数参与者是与决策事项有利益关联的政府官员、企业人士、专家等，普通公众参与者数量少，代表性不强，因此，社会主体的参与变为走走过场，发挥的作用有限。如何使社会主体的参与从有限参与走向有效参与，不仅需要进一步完善相关的法制建设，健全配套的实施制度体系，[①] 同时还要注重提升法律执行力度。

五、环境问题治理宣传教育手段的法制建设

宣传教育是一种传播沟通活动，在环境问题治理中的主要功能是传播普及环境保护和治理方面的法律和政策知识，化解环境风险认知偏差和冲突，是突发环境事件和环境群体性事件治理中不可或缺的一种柔性手段。环境问题治理最根本的方式是通过教育的方式，使可持续发展和环境保护的观念深入人心，使环保行为内化为自觉行动。[②] 这样的教育内容是从宏观和源头角度的理解，尚不能反映环境问题治理全过程中的

---

① 参见刘智勇、陈立：《从有限参与到有效参与：邻避冲突治理的公众参与发展目标》，《学习论坛》2020 年第 10 期。

② 参见孙智帅、孙献贞：《环境治理的国际经验与中国借鉴》，《青海社会科学》2017 年第 3 期。

宣传教育内容。总体上看，环境宣传教育内容较为广泛，至少包含三部分：环境保护法律法规的宣传教育、环境应急知识和自救互救知识的宣传教育、环境安全科普知识的宣传教育。环境宣传教育在《突发事件应对法》《环境保护法》《水污染防治法》等法律中都有相关规定。

《突发事件应对法》第二十九条从三个维度规定了不同宣传教育主体及其责任："县级人民政府及其有关部门、乡级人民政府、街道办事处，应当组织开展应急知识的宣传普及活动和必要的应急演练。居民委员会、村民委员会、企业事业单位应当根据所在地人民政府的要求，结合各自的实际情况，开展有关突发事件应急知识的宣传普及活动和必要的应急演练。新闻媒体应当无偿开展突发事件预防与应急、自救与互救知识的公益宣传。"第三十条规定："各级各类学校应当把应急知识教育纳入教学内容，对学生进行应急知识教育，培养学生的安全意识和自救与互救能力。教育主管部门应当对学校开展应急知识教育进行指导和监督。"这是综合性法律的一般规定。

《环境保护法》根据《突发事件应对法》的总要求，针对环境领域的宣传教育在第九条中作出具体规定："各级人民政府应当加强环境保护宣传和普及工作，鼓励基层群众性自治组织、社会组织、环境保护志愿者开展环境保护法律法规和环境保护知识的宣传，营造保护环境的良好风气。教育行政部门、学校应当将环境保护知识纳入学校教育内容，培养学生的环境保护意识。新闻媒体应当开展环境保护法律法规和环境保护知识的宣传，对环境违法行为进行舆论监督。"

同样，《水污染防治法》第七条规定："国家鼓励、支持水污染防治的科学技术研究和先进适用技术的推广应用，加强水环境保护的宣传教育。"

为贯彻落实党的十八大和十八届三中、四中、五中全会精神和国家"十三五"环境保护工作部署，2016年4月6日，环境保护部等六个机构以通知形式联合印发《全国环境宣传教育工作纲要（2016—2020年)》（下简称《纲要》）。《纲要》明确了"十三五"全国环境宣传教育工作的基本原则、主要目标，提出了环境宣传教育的五项主要任务：① 加大信息公开力度，增强舆论引导主动性；② 加强生态文化建设，努力满足公众对生态环境保护的文化需求；③ 加强面向社会的环保宣传工作，形成推动绿色发展的良好风尚；④ 推进学校环境教育，培育青少年生态意识；⑤ 积极促进公众参与，壮大环保社会力量。《纲要》还提出加强组织领导、加强能力建设、加强考核激励三项保障措施。

特别值得一提的是：在环境宣传教育内容中，除环境政策、环境保护、应急知识外，还应当加强对环境安全科普知识的宣传教育。因为，不少邻避类群体性事件的发生，与公众对邻避设施项目的风险认知偏差有关，公众出于对邻避设施项目安全性的担忧，常常采取抵制项目建设的行动。这就需要与公众进行风险沟通，就邻避设施项目涉及的科学技术知识、专业理论知识、技术安全知识进行讲解辅导，释惑解疑，指导帮助公众科学理性地认识风险，避免夸大风险，以致采取非理性的抵制行为。

综上所述，我国环境领域的法制建设处于不断推进完善中，已基本建立起了从环境污染问题治理到环境群体性事件治理的全过程法律法规体系，既有综合法律法规又有专项法律法规，涵盖环境公共决策、环境治理体制、环境治理机制、环境治理手段等多方面，使我国环境问题治理逐步走上了依法治理的轨道。但是，在环境法制建设方面仍然存在一些不足：一是相关法律法规中有的规定带有模糊性，给实际执行带来困难；二是针对环境问题治理和环境保护的法律法规比较多，而针对环境突发事件和环境群体性事件治理的法律法规相对不足；三是有的法律法规存在滞后性，修订不及时，尚不能适应不断变化的新情况、新要求；四是有的法律法规缺少配套的实施办法和细则，导致可执行性不强；五是重法律法规制定，轻执行和监督，导致一些法律法规执行不力、执行走样。因此，下一步需要针对上述问题和短板，不断完善我国环境领域的法制建设，为我国环境问题的治理和环境群体性事件的防治提供更加有力的法制保障。

第四章 我国环境群体性事件发生的原因分析

自 2017 年后，环境群体性事件增长的势头虽然总体上得到一定程度遏制，但是在一些地方和领域，环境群体性事件仍然处于多发态势，尤以邻避冲突事件为甚，给社会和谐稳定造成较大威胁。环境群体性事件的发生，折射出环境群体性事件治理中的许多问题。这些问题的背后包含着复杂的原因，既有一般群体性事件发生的共性原因，又有自身的一些特殊性原因。下面侧重从治理主体角度，分析环境群体性事件发生的主要原因。

第一节 环境群体性事件治理理念与模式的偏差

环境群体性事件的发生，首先与治理理念和治理模式的偏差有关。治理理念与治理模式偏差，既是环境群体性事件发生的一个具体原因，从某种程度上看，又是其他一些原因产生的因素，具有本源性特点。治理理念的偏差，表现为重经济增长轻环境保护、重事发处置轻风险预防；治理模式的偏差，表现为以政府为中心的过度主导治理，以及多元主体平等合作共治不够。

一、环境群体性事件治理理念的偏差

从源头因素来看，不少环境群体性事件是由环境污染和生态环境

破坏引发的，这与地方政府重经济增长轻环境保护、重事发处置轻风险预防的理念有关。经济增长与环境保护是相互促进的关系，但有的地方政府却把二者对立起来，为了片面的 GDP 增长，急功近利，忽视生态环境保护，生态环境保护在经济增长面前成为一句口号，甚至以牺牲生态环境为代价。环境污染和生态的破坏，为环境群体性事件的发生埋下隐患。因此，审视反思环境群体性事件发生的原因，不能局限于只看到突发事件爆发前的一些直接原因甚至诱因，就事论事，必须着眼于从根源上寻找原因。

尽管早在 20 世纪 80 年代，我国就将"环境保护"确立为基本国策，并提出转变经济增长方式的理念，但是，那时，社会的生态文明意识和环境保护意识都还比较淡薄，在维稳被视为最大的政治任务，经济增长被视为硬道理的时代背景下，环境保护的国策难以落到实处。重视经济增长没有错，但是，有的地方政府领导却将经济增长与环境保护的关系对立起来，甚至认为为了加快发展，付出一些生态环境代价也是难免的、必须的。在片面的经济发展观的影响下，特别是在"政治锦标赛"① 体制的驱动下，以 GDP 论英雄，对地方政府领导的考核和提拔比较偏重地方经济增长状况和排名，因此，地方政府领导有加快发展地方经济以寻求获得政治升迁的强烈冲动，这就导致一些地方不惜以发展高消耗、高污染产业来发展本地经济，环境保护陷入污染治理、再污染再治理的恶性循环。经济高速增长也付出沉痛的代价：资源过度消耗、生态环境严重破坏。在环境问题严重时期，往往也是各类环境矛盾纠纷、环境群体性事件高发时期，如在 1996 年至 2011 年间，环境群体性事件一直保持年均 29% 的增速。重特大环

---

① "政治锦标赛"由周黎安等学者首先提出，其含义指：在我国人事行政权高度集中体制下，上级官员主要依据经济增长来考核和提拔下级官员，因此下级官员有着很强烈的动力来竞相发展地方经济，以期取得政治上升迁的资本。"政治锦标赛"又称为"晋升锦标赛"，它被视为对地方政府官员的一种激励机制，以及地方经济竞相发展的一个重要要素。

境事件高发频发，2005 年至 2011 年间，环保部直接接报处置的事件共 927 起，重特大事件 72 起，其中 2011 年重大事件比上年同期增长 120%，特别是重金属和危险化学品突发环境事件呈高发态势。①

经济发展与生态环境保护皆是我国实现现代化的目标，必须同步推进。党和政府一直高度重视可持续发展和生态环境保护工作，特别是党的十八大后，生态文明建设成为统筹推进"五位一体"总体布局的重要组成部分，我国生态文明建设进入全面发展新阶段，"美丽中国"建设取得新进展。但是，环境问题治理成效还不巩固，重污染天气、黑臭水体、垃圾围城、农村环境污染问题难以在短期内得到根本性解决，继续影响群众环境福祉、引发社会稳定风险。同时，有的地方政府和单位对生态环境保护认识不到位、主体责任落实不到位；重经济增长轻环境保护的意识还不同程度存在，这些成为环境群体性事件发生的根源性因素。因此，要有效治理环境群体性事件，必须彻底改变重经济增长轻环境保护的片面发展理念，妥善处理好经济发展与环境保护的关系，实现二者的良性互动。

我国已经步入风险社会，国内外风险因素叠加，因此，习近平总书记多次强调防患于未然的重要性，他在学习贯彻党的十九大精神研讨班开班式上的重要讲话中强调："增强忧患意识、防范风险挑战要一以贯之。"2003 年"非典"以后，我国应急管理体系建设取得重大成效，在处理各种重特大突发事件方面表现出超强的应急能力，举世瞩目。然而一些本可以避免的重特大突发事件仍然时有发生，反映出事前预测预警能力不强。不少由环境累积性污染导致的环境群体性事件，一般都经历了一个较长时间的矛盾纠纷积累、信访维权阶段。当环境污染发生后，面对公众的环境诉求，本来有充足的时间治理污染问题，将矛盾冲突化解在萌芽状态。然而，有的地方政府环境保护主体责任不到位，或者对污染后果抱有侥幸心理，对公众的维权申诉掉

① 参见宇星：《近年来我国环境群体性事件高发年均递增 29%》，2012 年 10 月 27 日，见 http：//www.china.com.cn/news/2012－10/27/content_26920089_3.htm。

以轻心，不及时采取必要的措施治理污染，以致使较小的矛盾纠纷演化成严重的环境群体性事件。尽管有的地方在环境群体性事件爆发后也能采取积极有效的补救措施，但因失去最佳时机，导致处置效果不佳、成本增高，甚至许多损失难以弥补，因此，对环境群体性事件树立源头治理理念极为重要。例如，内蒙古自治区乌梁素海发生严重的黄藻灾害就是一起典型的环境保护不力的环境事件。2008 年 5 月，内蒙古乌梁素海出现面积达 8 万多亩（1 亩 = 0.0667 公顷）、持续近 5 个月的黄藻灾害，使核心区域水面被覆盖，水体被严重污染，引起国务院领导的高度关注。其实，乌梁素海污染问题早在 2005 年就已经出现，根据巴彦淖尔市环境监测站 2005 年至 2010 年的监测资料，乌梁素海环境污染和生态功能退化形势严峻，氨氮超标率为 30.3%。但当地政府在发展地方经济的驱动下，环境治理的经费投入有限，治理措施不力，污染问题持续加重，到了 2012 年 5 月，除黄藻外，乌梁素海的大部分水面已经被芦苇覆盖，整个湖区的水质黑而腥臭，水质常年都是"劣五类"，这座曾被誉为"塞外明珠"的淡水湖，成为汇集工业污水和生活污水的"污水池"。① 从 2005 年算起，长达近 8 年时间，乌梁素海的污染问题不仅未得到解决反而变得更加严重，这不得不令人深思。

污染类环境群体性事件的发生，有一些是由突发性的环境污染事故引起的，也有一些是由长期的环境累积性污染引起的，无论哪种类型都需要相关部门做好环境污染和安全风险的预测预警工作，尤其是那些潜在时间较长的环境污染问题，完全可以通过风险预防避免群体性事件发生。不少邻避类环境群体性事件，发生在邻避设施项目拟建或在建中且污染尚未出现前，是公众在权利意识觉醒后展开的预防式维权抗议行为，这就要求地方政府和项目建设单位要有更超前的预判和预防能力，严格项目"环评"和"稳评"的把关环节，提前开展

① 参见章轲：《内蒙古乌梁素海之殇：塞外明珠变成污物池》，2012 年 6 月 5 日，见 http://finance.people.com.cn/stock/GB/18080748.html。

项目风险认知沟通。例如，2012 年发生的江苏省启东市民抗议日本王子制纸排海工程项目建设事件就是一起典型的预防式维权行动。日本王子造纸企业在南通设立了造纸厂，但有大量污水需要排放，于是决定将排污工程管道建在启东附近入海，计划建造一条 110km 长的排污管道，将南通、海门、启东沿线所有污水处理后，统一排放，启东市数万民众为此举行示威游行，呼吁启东人都站出来，抵制王子造纸厂将有毒废水排放到启东附近海域，由此引发了一起严重的环境群体性事件。① 重事发后的应急处置而轻事前的风险预防，几乎成为各地环境群体性事件发生的普遍性原因。

二、环境群体性事件治理模式偏差

治理理念决定治理模式，在我国长期的社会治理实践中，形成了两种主要的治理模式：一是政府单一主体治理模式；二是政府主导下的多元主体参与的协同治理模式。如前所述，这两种治理模式有各自的形成背景、适用对象和优劣。协同治理模式是改革开放后，特别是进入 21 世纪后，环境群体性事件治理中的一种主导模式。

从中华人民共和国成立到改革开放的长时间内，我国建立了计划经济体制和权力高度集中的行政体制，由此形成了政府单一主体治理模式，导致政企不分、政社不分、政事不分的"全能型政府"，其结果就是"强政府—弱社会"的治理格局，具体到环境群体性事件治理体系结构中，政府组织是唯一主角，处于绝对支配地位，虽然随着政府职能转变的推进，其他主体开始参与社会治理，但参与主体的范围小，发挥的作用有限。据相关研究表明，政府强制模式下的环境类项目建成成功率只有 45%。② 有的地方政府常常成为公共管理的"主角"甚至"独角"，出现政府供给不足、管理效能弱化问题。这一体

---

① 参见蔡成平：《"启东事件"引发日企对华投资之忧》，2012 年 7 月 31 日，见 https：//finance. sina. com. cn/review/jcgc/20120731/094712715016. shtml。

② 参见陈宝胜：《邻避冲突治理的地方政府行为逻辑》，《中国行政管理》2018 年第 8 期。

制性局限对环境群体性事件治理带来的影响和后果，就是地方政府常常被推上矛盾纠纷的一方或应急处置第一线，成为矛盾、问题的焦点难以脱身，处于进退两难的境地。在许多情况下，环境群体性事件的起因本来与政府没有关系或没有直接关系，但长期以来形成的政府依赖习惯，导致不管出了什么事总要找政府解决甚至找政府"闹"事。在政府单一主体治理模式下，政府承担的责任和后果远远大于其他主体，稍有不慎就会将问题和矛盾集中到自己身上。在很多环境群体性事件中，政府本应该作为第三方介入和协调的，但往往深陷其中，由第三方变为冲突方。如果只有政府孤军奋战，缺乏其他各类组织和广大群众的积极参与、通力合作，既影响政府履行其他行政职能，又不利于环境群体性事件的预防和有效解决。

另外，地方政府在面临平衡经济增长与环境保护这个难题时，难以做到客观和公正，特别是那些经济增长方式为资源驱动型的地区，保护环境和发展经济更易产生矛盾，地方政府有时很难作出正确的判断和选择。"当前政府在行使经济管理职能时的越位和错位与行使环境保护中的缺位交织在一起，近乎出现恶性循环的态势。地方政府代行市场行为，将本应交由市场进行基础性资源配置的权力揽于政府怀抱不放；在 GDP 效应的助推下，政府既是环境保护政策的制定者又是环境污染的推动者。"[1] "在履行环境保护职责的同时，也需要对与经济发展相关但存在污染行为的一些企业和领域进行保护。同时，一些利益主体总是期望通过对环境责任履行过程产生影响以期实现自身的利益。所有这些问题的存在将不可避免地使政府在治理环境群体性事件的过程中陷入利益困境。"[2]

政府单一主体治理模式的局限性，促使学术界和实际部门开始反

---

[1] 郑晓华编著：《中国公共治理实践案例：政府、社会与市场》，上海交通大学出版社2018 年版，第 33 页。

[2] 颜金：《论政府环境责任中的利益困境——基于府际关系视域》，《理论与改革》2014年第 3 期。

思，探索多元主体参与的治理结构模式。自 2003 年"非典"以后，我国在应对各类突发事件中初步构建起多元主体参与的应急管理模式，逐步显示出该模式的效能。在各级党委和政府的强力主导下，实践中的多元主体结构体系和相关制度也在逐步形成和完善。多元主体协同治理模式的主体结构是一种"中心—边缘"结构，在强调政府主导责任的同时，也认识到依靠多元社会力量的广泛参与的必要性，既重视体制内主体的行动，又重视志愿性行动，以形成一种有秩序、有规则的自组织系统，创新群体性突发事件的治理模式。在多元主体协同治理模式下，虽然各利益主体均有参与群体性事件治理的权利，但实际执行中却很难达到平衡，因为政府的力量远远大于其他主体。从总体来看，环境群体性事件仍然是以政府防控为主，其他参与主体比较少而单一，处于辅助地位。不同类型的突发事件包括群体性事件及其在不同的发展阶段，因其特点、成因和治理任务不同，需要不同的治理模式与之相适应，对环境群体性事件来说，多元主体协同治理模式相对于政府单一主体治理模式虽然有进步，但仍有其局限性，协同治理模式更适合于自然灾害、事故灾难等自然属性强的突发事件，而对环境群体性事件这类社会属性强的突发事件仍存在不太适应性。

环境群体性事件的最终化解，涉及多方利益协调，在主体复杂多元，各主体利益诉求不同的情况下，利益协调必然面临诸多困难。环境群体性事件的起因是源于环境污染危害或环境项目安全风险，但每一事件的背后都有不同主体的利益诉求，各主体的目标函数极为复杂，参与环境群体性事件治理，既是他们的一种责任和义务，又是他们获取自身利益的途径。环境群体性事件治理中各主体的价值追求不同，会影响他们参与的方式及其参与程度。各类非营利组织、企业、新闻媒体、以及公民个人在环境群体性事件治理中有各自的价值追求、行为方式，能够履行的职责与发挥的作用也不同，目标的差异使各主体在治理的方式选择和结果衡量上显现出较大不同。"环境群体性事件治理是平衡的多元主体互动过程，非常类似自然界中的'自组织现象'，而自组织恰恰是系统达到有序状态的过程。如果'条条'与'块块'分割，多元主体倚重倚轻，应急反应结构单一，则系统自组织过程就很难实现，更无法发挥出整体联动的协同效应。"① 因此，环境群体性事件治理并非易事，其所涉及的污染治理及补偿问题、环境保护与企业利益问题、官员政绩与民众健康问题等，都很难在各主体地位不平等的条件下通过协同治理模式得到有效解决。这就表明，多元主体协同治理模式，并非环境群体性事件治理的理想模式，这就不难理解为何环境群体性事件在一些地方长期处于高发态势，而且复发率高。基于此，本研究提出并强调建立多元主体合作治理模式，试图化解这一固有困境。

第二节　环境群体性事件治理手段和方式不当

治理手段和方式属于治理的方法和技术层面，也是治理模式的构成要素。治理手段和方式影响治理效果：一方面，治理手段和方式不当可能引发环境群体性事件；另一方面，当环境群体性事件发生后，如果治理手段和方式仍然不当，又可能使事态发展失控升级，演变成一场更大的群体性事件。此外，治理手段和方式还具有外化性特点，是容易被公众感知的处置行为，不恰当的治理手段和方式一旦被一些媒体夸大和诟病，会进一步激化矛盾冲突。

一、治理手段和方式欠科学

环境群体性事件的治理具有复杂性、专业性特点，要求具有科学的治理手段和方式，不能仅靠经验、惯例行事。治理者只有了解环境群体性事件发生的原因，事件发展变化的特点和规律，才能正确运用科学的手段和方式，按照治理的流程和规范，有效治理环境群体性事

---

① 娄策群：《推进我国政府信息化的若干政策建议》，《图书情报知识》2002 年第 1 期。

件。但是，在一些地方和单位，相关人员的治理能力有限、专业化水平不高，在面对突发的环境群体性事件时，容易仓促盲目应对。虽然采取了许多应对措施，但对突发事件发生的真实原因、特点和事件演变认识不准，治理手段和方式简单化、一刀切，难以精准施策，对症下药。有的地方政府领导盲目自大，仅凭个人主观臆测就轻率决断，瞎指挥，使下级无所适从。有的地方政府领导害怕承担后果和被问责，犹豫不决，当断不断，错失处置的最佳时机。还有的地方政府领导不管有无必要，动辄就首先调动警力控制，或者一味地妥协、承诺，凡此种种做法，都不可避免导致突发事件进一步升级。

治理手段和方式欠科学，还与一些地方和部门缺少科学实用的应急预案指导有关。因为应急预案的科学实用性不强，甚至缺乏应急预案，一旦环境群体性事件发生，就临时抱佛脚，忙乱无序，甚至不择手段。应急预案虽然不是万能的，在实际处置中也不可能完全照搬，但应急预案可以为环境群体性事件的应对提供基本遵循，可以大体保证基本的处置手段和方式不发生严重偏差。2014 年 12 月，国务院办公厅印发《国家突发环境事件应急预案》（下简称《预案》），但是还未见一部有关环境群体性事件的应急预案。突发环境事件应急预案不能代替环境群体性事件应急预案使用，因为突发环境事件与环境群体性事件虽有联系，但属于不同的事件，应急处置要求不同。《预案》认为："突发环境事件是指由于污染物排放或自然灾害、生产安全事故等因素，导致污染物或放射性物质等有毒有害物质进入大气、水体、土壤等环境介质，突然造成或可能造成环境质量下降，危及公众身体健康和财产安全，或造成生态环境破坏，或造成重大社会影响，需要采取紧急措施予以应对的事件，主要包括大气污染、水体污染、土壤污染等突发性环境污染事件和辐射污染事件。"① 可见，突发环境事件治理，需要解决的是物理环境污染的消除，恢复生态环境。而环

---

① 《国务院办公厅关于印发国家突发环境事件应急预案的通知》，2015 年 2 月 3 日，见 ht-
tp：//www.gov.cn/zhengce/content/2015－02/03/content_ 9450. htm。

131

境群体性事件，一般是指由突发环境事件所引发的一种集体性、抗争性维权行为，涉及的对象是人而不是环境问题，需要解决的是化解不同主体的矛盾纠纷，满足各方主体的利益诉求，二者治理的手段和方式大不相同。在应对环境群体性事件时，如果仍然照搬一般突发事件的应急预案或突发环境事件的应急预案，不可能有效处置环境群体性事件。在缺乏国家层面的专门预案指导，地方又无相应的应急预案情况下，每当环境群体性事件发生后，有的地方领导的意见就是处置方案，出现处置手段和方式粗放随意、科学性不强就在所难免。

二、治理手段和方式的变异

从以往环境群体性事件治理的手段和方式来看，按效力特点，大概可分为两类：一是刚性类，二是柔性类。选择何种类型与地方政府的行政理念和行政手段、方式有内在关系，因为，环境群体性事件的治理，是政府行政管理的组成部分和政府行政管理在特定领域的具体运用，无不体现政府行政管理的特点。所谓刚性类治理手段和方式，主要是指采用各种严厉的措施包括使用警力，对参与者的非理性行为或严重违法行为坚决打击惩处，以迅速平息事态及其发展；或者采用简单、统一的行政命令、处罚等管控措施，回应参与者的诉求，压制矛盾冲突。所谓柔性治理手段和方式，主要是指对环境群体性事件中的利益相关各方，采取疏导、沟通、教育、谈判、协商的手段和方式，通过化解分歧，增进互信和共识，寻求互利共赢，进而实现矛盾冲突的化解，最终平息环境群体性事件。刚性和柔性这两类治理手段和方式，各有其适用范围和场景，需要正确理解把握，合理选用、组合使用。

然而，在现实中有的地方政府对于两类手段和方式的使用，不仅存在顾此失彼的片面性，而且在使用时机的把握上也存在偏差。受官僚主义思想和官本位思想的影响，有的地方政府形成了倚重管制的治理思维，在环境矛盾纠纷刚刚出现苗头尚未发展成环境群体性事件的初始阶段，本应当通过积极主动的沟通协商以避免事件发生，然而，却掉以轻心，反应迟缓，以致冲突升级为群体性事件。当事件刚爆发时，局面尚可控制，还有继续沟通疏导的机会，却急忙派出警力进行控制。在局面尚未失控前过早或过度使用警力，造成群众的恐慌和强烈不满，甚至产生严重对抗情绪，导致警民冲突，使事态进一步升级。对于环境群体性事件的处置，并非一概反对使用警力，而要看事件的性质和发展态势，科学把握时机，慎用警力。"面对民众潜在的利益诉求，如果当地政府能够转变危机应对的思维，变被动应对为主动化解，在"PX"项目上马之前，积极搭建政府、民众、企业三方对话的平台，进而实现政府了解民意、企业尊重民意、民众理解政府企业行为的良性局面，则有希望做到化潜在危机于无形。"①

刚性的治理手段和方式不可取，但是不讲原则和底线的妥协也是错误的，这并非柔性治理的本意。有的地方政府为了追求表面、暂时的所谓稳定，为了尽快息事宁人，放弃基本的法律底线，对环境群体性事件参与者的不合理诉求也一味妥协，予以全部满足，甚至采用"花钱买平安"的错误做法，加剧了"不闹不解决、小闹小解决、大闹大解决"的社会认知心理，对那些有利益诉求的"潜在"公众起到不好的"示范"效应，为以后发生类似事件埋下无穷的隐患。这种无原则妥协和让步，以牺牲公共利益或单位集体利益的做法，虽然能快速地平息事件，化解暂时危机，不过是一种治标不治本的短视之举，从长远看不利于社会整体稳定的实现。

强力管控和无原则妥协，都不是刚性和柔性治理的正确做法，而是一种异化和曲解，使环境群体性事件的治理陷入困境。从根本上来说，我国所发生的环境群体性事件，绝大多数是群众为实现自身利益诉求引发的，属于人民内部矛盾的范畴，因而不能继续固守阶级斗争的传统思维方式，不能在缺乏甄别的情况下随意地抓所谓的"幕后操

---

① 金苍：《用什么终结"一闹就停"困局》，《人民日报》2013年5月8日。

纵黑手", 不能不分时机地一直保持"高压"态势, 也不能对那些挑战法律底线的暴力行为姑息纵容。环境群体性事件涉及范围广、利益诉求多样复杂, 必须避免简单片面地采用某一固定不变的治理手段和方式。应该从实际出发, 坚持教育疏导与依法管控相结合, 综合施策, 优化治理手段和方式, 综合采取法律、行政、经济、教育的手段和方式, 刚柔相济。例如, 对于风险敏感度高的邻避设施建设, 要注重通过平时的科普宣传教育, 提高公众对污染物和化工项目的认识, 减少对安全的猜忌和疑虑, 达成风险认知共识。

三、治理手段和方式单一

前面将治理手段和方式分为刚性和柔性两大类, 具有高度的概括性, 具有认识上的参考价值, 但在实际应用中, 如此划分过于宏观, 不具可操作性。作为社会属性较强的环境群体性事件, 其发生的原因复杂, 治理的具体手段和方式也应该多种多样。而每种手段和方式具有不同的功能、特点和适用对象, 需要有针对性地选用或者综合使用。按内容标准, 环境群体性事件治理的手段和方式, 大致可分为四种:

一是行政手段和方式。主要依靠行政机关内部层级节制的机制, 通过命令、指挥、控制、规定、指令等实施政策, 其具有效力的强制性, 能够依托行政体制内的各种行政资源进行管理。同时也具有使用的广泛性, 是行政机关履行职责的基本手段和方式。行政手段和方式在环境群体性事件治理的预防阶段具有显著作用, 如实施环境污染治理和环境保护政策, 对污染企业责令停产、关闭, 对违规上马的环境项目限令缓建、停建。但当环境群体性事件发生后, 行政手段和方式在化解矛盾纠纷, 协调各方利益方面就有局限性。

二是经济手段和方式。主要包括行政机关利用财政、税收、罚款、价格、金融、政府合同、利息等在内的各种经济杠杆, 对参与主体的经济行为和经济关系进行管理和协调。对于环境群体性事件治理而言，如果从源头方面的环境治理来看，政府可采取税收、价格、政府采购等方面的政策和措施，鼓励和支持环境保护技术装备、资源综合利用和环境服务等环境保护产业的发展，以及鼓励和支持企业事业单位和其他生产经营者，在污染物排放符合法定要求的基础上进一步减少污染物排放。此外，对违法排放污染物，污染物超标、超总量等行为给予罚款处罚。

三是法律手段和方式。主要指行政机关利用自身拥有的行政执法权，依据法律、法规、法令等，对各主体的行为进行规范。现行的《突发事件应对法》《环境保护法》《水污染防治法》《大气污染防治法》等，是环境领域依法治理、依法应急的重要依据。运用法律手段和方式，有助于避免或减少人治现象，有助于保障政府、企业和公众各方依法履行义务，享有合法权利，这种手段和方式适用于环境污染问题治理以及环境群体性事件治理的各阶段和各方面。

四是宣传教育手段和方式。主要指行政机关通过宣传、培训、讨论、沟通、疏导等途径，促使各方提高认识，增进共识，消除误解。宣传教育手段和方式在环境污染问题治理以及环境群体性事件治理全过程中都有较大作用。例如，对环境保护法规和政策的宣传教育，有助于公众、企事业单位加深对污染源、污染物的危害的认识，增强参与环境保护和治理的责任。又如公众对邻避设施的安全风险不太了解，容易产生误解和恐慌，开展环境科普的宣传教育，可以帮助公众提高科学素养，理性客观看待邻避设施的安全风险，避免因安全风险认知偏差而引发环境群体性事件。

但以往在环境群体性事件治理中，有的地方政府对不同手段和方式的综合使用不够，比较多地倚重行政手段和经济手段，这两种手段和方式，简单易行，而且立竿见影。例如：要求企业停产或关闭，责令邻避项目停建、迁址，对违规生产致污企业罚款，对污染受害方给予经济补偿，封锁环境负面信息。但是，这些手段和方式一般只能暂时控制局面和化解冲突，没有满足各方的正当利益诉求，不仅未从根本上解决问题，而且还产生新的隐患。行政手段和方式以政府为主导，具有强制性，不利于各方在平等对话协商基础上解决利益纠纷问题。经济手段和方式，对于因经济利益诉求引发的群体性事件来说是比较适用的，如土地征用，房屋拆迁等。而环境群体性事件的发生，诉求方争取的主要是环境利益、身体健康和生命安全利益，随着人民群众对环境权益和安全感需求的增长，以及人民群众物质生活条件的不断改善，单一的经济手段和方式，难以化解环境群体性事件。只有运用多种手段和方式，综合施策，才能提高环境群体性事件治理的效能。

第三节　环境群体性事件治理的公众参与有限性

在我国，公众参与环境群体性事件治理，在理论上不存在任何争议，在实践上也不存在制度性障碍，国家立法鼓励、支持公民、法人和社会组织参与环境治理，虽然相关法律法规和制度还有待进一步完善，但已经能够为公众参与提供基本的法制保障。因此，公众参与存在的问题，不是法规和制度的缺失，也不是公众参与的缺位，而是参与的有限性，这是环境群体性事件发生以及治理困难的重要因素。"通过对大量邻避冲突事件的初步调研发现，公众有限参与是冲突事件发生的一个不可忽视的重要原因。"[①] 其他环境群体性事件发生的原因也是如此。公众参与的有限性问题，具体表现为以下几方面：

一、参与公众的代表性不强

环境群体性事件治理中的公众参与，从公众的范围来看，不仅指一般的自然人，如普通公民，还指企事业单位和社会组织等。从公众参与的内容来看，包括环境规划、环境政策、建设项目方面的决策参

---

① 刘智勇、陈立：《从有限参与到有效参与：邻避冲突治理的公众参与发展目标》，《学习论坛》2020 年第 10 期。

与，"环评"和"稳评"环节的参与，以及环境群体性事件发生后的处置参与。公众参与人数是否适度，特别是有无代表性，直接关系到公众参与的效果。以"环评"为例，《环境影响评价公众参与办法》①第十五条规定："建设单位应当综合考虑地域、职业、受教育水平、受建设项目环境影响程度等因素，从报名的公众中选择参加会议或者列席会议的公众代表"，《环境影响评价中信息公开和公众参与技术导则》②（下简称《技术导则》），还进一步规定了参与公众的范围，包括有关单位、专家和个人，并分为四类群体：直接受影响的有关单位和个人、间接受影响的有关单位和个人、有关专家、关注规划或建设项目的有关单位和个人，在此基础上又规定了参与的有关单位和个人在各类群体总量中的比例。这在一定程度上为公众参与"环评"提供了制度保障。

公众参与的有效性，与参与公众的数量、代表性密切相关。尽管现行法规和行政文件对此有具体要求，但在实际执行中，参与公众的选择比较随意、灵活，有的地方政府和项目建设单位在选择上存在偏好，使那些利益最为直接相关的公众，即项目所在地附近的居民和单位参与数，常常未能达标。公众代表的数量不足和缺乏代表性，使调查意见的客观性和公正性得不到充分保障，在这种参与力量不均衡情况下所作出的决策或通过的"环评"结论，无疑会埋下无穷的后患，在一些地方，建设项目开工时公众才知情，如此通过的项目遭到公众的强烈反对也就不足为奇。例如：北京六里屯垃圾焚烧发电厂项目的环评报告书显示，前期共发放 74 份调查表，有效回收 59 份，但六里屯垃圾焚烧发电厂项目周边共有 10 余个小区，仅颐和山庄一处的住户就达到 1.5 万人，区区几十份调查表实在难以代表相关公众的利益。③

---

① 《环境影响评价公众参与办法》，2018 年 7 月 16 日，见 http：//www. gov. cn/gongbao/content/2018/content_ 5338231. htm。

② 《环境影响评价中信息公开和公众参与技术导则》，2008 年 8 月 22 日，见 http：//www. doc88. com/p－5167383893297. html。

③ 参见郑卫：《我国邻避设施规划公众参与困境研究——以北京六里屯垃圾焚烧发电厂规划为例》，《城市规划》2013 年第 8 期。

在湘潭市经济开发区的垃圾焚烧发电厂项目中，公众代表的范围也存在类似问题。在听证会所推选的 10 名代表中，真正与项目存在利害关系的代表只有 3 人，占比 30%，有多名环保专家、规划专家不在 16km² 的污染范围，不属于湘潭市九华经济开发区的常住居民，不符合界定范围中的公众，这些代表难以真实反映项目所在地公众诉求。① 在广东省茂名市的一个 "PX" 项目审批论证中，茂名市政府并没有举行完全公开的听证会，也没有设立相关的咨询委员会，只是组织媒体召开闭门会议，召开的推广会也是以 "内定" 的方式 "低调" 邀约网友，严格控制参会人数。② 这种形式化的公众参与，难以起到吸纳不同意见的作用。总之，在项目建设前期民意征求的人数过少、代表性不强，大部分公众被排除在调查范围之外，致使民意调查实质上成为走过场，令人怀疑有关部门在有意回避公众。

二、公众参与的形式单一

公众参与环境决策和建设项目论证，大多数法律法规要求采取基层调研、举行座谈会、论证会、征求意见会、专家研讨会等形式了解民意，汇聚民智，但实际执行中，征求公众意见建议的形式比较单一，主要是依靠问卷调查和听证会这两种形式。问卷调查内容多为客观性问题，要求公众回答 "是" 与 "否"，公众难以充分表达不同意见。有的问题还带有诱导性，暗示好的方面，把公众引向选择有利于项目建设单位的答案。而听证会的大多数参与者是由与建设项目有关的政府官员、企业人员、专家等组成，不少参与者与政府部门、企业有密切的利益关系，而与建设项目直接相关的普通公众代表只占很小比例，因此听证会并不能真正采纳到项目所在地公众的真实意见。虽然听证

---

① 参见唐久芳、王文博、罗喜英：《湘潭邻避设施环评规划中公众参与困惑研究——以湘潭垃圾焚烧厂规划为例》，《经济研究导刊》2015 年第 12 期。

② 参见汤志伟、邹叶荟：《基于公民参与视角下邻避冲突的应对研究——以广东省茂名市 PX 项目事件为例》，《电子科技大学学报》（社科版）2015 年第 2 期。

会、征求意见会等会议形式为公众提供了一条主动建言献策、反映诉求的渠道，不再让公众被动填写问卷，但会上所宣讲和发布的项目安全风险内容的专业性、学术性强，普通公众因缺乏科学的判断能力，难以进行充分、平等的交流甚至争辩，不少会议演变为单向的情况通报会。①

三、公众参与的意见效力不高

公众参与的意见效力，是指公众参与中所表达的意见的作用和影响，公众的意见能在多大程度上影响决策，才是公众参与的意义所在。如果公众的意见建议被采纳缺乏法律保障，即使公众能主动参与、充分参与、及时参与，公众参与也只有象征意义，政治意义大于实际意义。

公众参与的意见效力大小，一般取决于两个因素：一是公众的地位；二是法律的保障。在政府、企业和公众等参与主体结构中，各主体地位往往是不平等的，普通个体公众一般属于弱势方，很难真正平等参与到利益博弈中。地位决定了话语权，作为弱势方难以对决策发挥决定性影响。"而当政府迫于舆论压力不得不邀请公众参与的时候，又可能会用肤浅的、表面化的民意调查来代替实实在在的公众意见征询，注重形式忽视效果；政府和厂商运用自身信息和资源的优势，凭借其拥有的舆论工具对公众进行'风险教育'，将理应双向平等的风险沟通变成了单向的风险可接受性操控。"②

在我国，公众参与环境决策包括"环评""稳评"等，因为已有相关法律法规的支持，有关部门一般不会拒绝公众参与，从程序上看也能做得不错。但从我国现行相关法规的规定看，公众对环境决策发表的意见建议只作为决策参考，不具有根本的否决性作用。这就意味着公众参与只是一种软性制约，他们的意见建议是否被采纳、采纳什

---

① 参见刘智勇、陈立：《从有限参与到有效参与：邻避冲突治理的公众参与发展目标》，《学习论坛》2020 年第 10 期。

② 张乐、童星：《"邻避"冲突管理中的决策困境及其解决思路》，《中国行政管理》2014年第 4 期。

么、采纳多少等，往往取决于决策者的良知和民主意识，决策者完全可以选择性采纳，甚至对合理的不同意见不予采纳。因此，当实际的参与过程被地方政府或项目建设单位所主导，反而以程序的合法性掩盖公众参与的形式化。现实中发现，有的地方政府为了自身利益，不顾多数公众的强烈反对，仍千方百计促使"问题"项目上马，当公众普遍的反对意见对决策方不能产生刚性的约束力时，公众参与也就成为一种摆设。虽然，对公众的意见包括否定性意见在法律上无明确规定，并不意味着公众的合理意见就可以置之不理，尊重民意，顺应民众诉求是现代民主政府的应有之义。①

四、公众参与的时机滞后

公众参与环境群体性事件治理的时机也极为重要，如果一个环境安全敏感项目已经决定兴建后，迫于法规和制度要求的压力才考虑吸纳公众参与，或在项目开工后受到公众抵制时才与公众对话沟通，都是参与时机滞后的表现，这将使公众参与的效果大打折扣，公众参与只有在一些关键性事项决策前才有实际意义。以公众参与邻避项目的"环评"为例，按现行法律法规的要求，公众应该在"环评"报告书起草后审批前参与，但是，一些地方却在规定的时限之后，甚至有的地方还把公众参与的时间延迟到项目立项后或开工前。这种"先斩后奏"的倒置"环评"做法，使公众失去了在关键阶段前充分表达意见的机会和渠道，引发公众的质疑和抵制，有关方面常常陷入"决定—宣布—辩护"的被动局面。

公众参与应该涵盖环境群体性事件治理全过程，在事发前，公众参与是重点，内容主要是参与环境影响评估、社会稳定风险评估，以及环境保护政策、环境治理规划制定等，以保障公众的知情权、建议权和监督权落到实处，这具有源头预防的作用。在事发后，为及时平

---

① 参见刘智勇、陈立：《从有限参与到有效参与：邻避冲突治理的公众参与发展目标》，《学习论坛》2020 年第 10 期。

息事件，防止事态升级，公众参与更不可缺位，在此阶段，重点工作是加强与公众平等对话，帮助他们理解环境政策和规划制定的缘由，或消除他们对项目风险认知的偏差，力争达成共识，满足各方合理利益诉求。但现实情况是，公众参与在事前和事发后都存在滞后性问题。有时迫于舆论压力，有的地方政府和项目建设单位才被迫组织公众参与，其主要目的是为了规避问责而不是诚心征求意见。当"环评"结果不断遭受公众质疑甚至抗议时，政府部门或项目建设单位才开始正视公众参与，采取一些弥补性措施，如开展民意调查，召开座谈会、听证会，开展科普知识宣传，但为时已晚，公众已经对政府部门或项目建设单位失去信任，这些滞后性的弥补措施很难消除他们的疑虑，最后面对公众越来越大的质疑声和反抗声，被迫以项目缓建或永久停建来平息事件。例如，厦门"PX"项目的建设，在 2007 年 3 月被中国科学院某院士等 105 名全国政协委员联名签署提案反对后，引起媒体和公众的广泛关注，随后公众不断质疑项目的"环评"结果。随着反对的声音越来越多，2007 年 5 月 30 日，厦门市政府决定委托新的环评机构在原先的基础上扩大"环评"范围，开展整个化工区的区域性规划环评，并且启动公众参与程序，开通短信、电话、传真、电子邮件等渠道，充分倾听市民意见，解疑释惑。① 此外，四川彭州石化项目、浙江宁波"PX"项目、上海磁悬浮项目、京沈高铁项目等，在前期通过了"环评"后，也遭遇反对和抵制，于是，有关方面便采取一些弥补性措施，吸纳公众参与，开展对话和沟通活动。亡羊补牢，虽然仍有必要，但其效果已严重降低。

五、公众知晓的信息不充分

公众在环境群体性事件治理中，要真正充分表达自己的意见建

---

① 参见廖甜：《公众参与环境保护的过程、问题与优化对策——基于 2007—2015 年 6 起"PX 事件"的案例分析》，见《2018 中国环境科学学会科学技术年会论文集》（第一卷）2018 年。

议，就需要首先拥有充分的环境信息知情权，这里所指的环境信息，泛指涉及环境事项和环境群体性事件方面的各种信息。例如：环境发展政策信息、环境规划信息、环境保护和治理信息、环境安全信息、环境项目建设信息、环境群体性事件的成因和处置信息等。公众的环境知情权，有赖于有关部门及时充分公开这些信息，提高环境信息透明度。信息公开的程度是衡量政府部门、企业是否真正开放和民主的尺度，也是保障公众有效参与的重要条件。《环境影响评价公众参与办法》《环境信息公开办法》等明确规定，有关部门应当采用便于公众知晓的方式，公开建设项目相关风险信息。①

由于有相关法规和制度的支撑，明显违反要求并敢于封锁环境信息的政府部门和企业越来越少见，环境信息公开比较突出的问题是：公开不及时、不充分、不全面，造成实际公开的信息量比较少，且多为一些非关键性信息，有时还存在报喜不报忧的选择性公开，甚至故意隐瞒问题信息、敏感信息。特别是对邻避设施的风险信息公开更缺乏积极性和主动性，因为邻避设施的安全性备受关注，有的地方政府和项目建设单位在公开项目"环评""稳评"信息时遮遮掩掩，轻描淡写，有敷衍塞责之嫌。政府部门或项目建设单位作为风险信息的供给方，始终处于主导地位，但基于自身利益考量或所谓的社会"维稳"需要，往往对邻避设施风险信息或"环评""稳评"信息不公开或有限公开。在公开的渠道和方式方面，一些地方通过小众媒介或内部渠道公开，公开时间短暂，能接触知晓信息的公众很少，这样做既达到了规避不公开的责任又实现了回避敏感信息的目的。公众与有关部门掌握的风险信息严重不对称，公众对真实、重要信息不太清楚，导致公众很难充分表达自己的真实意见特别是不同意见。② 从大量环

---

① 参见刘智勇、陈立：《从有限参与到有效参与：邻避冲突治理的公众参与发展目标》，《学习论坛》2020 年第 10 期。

② 参见刘智勇、陈立：《从有限参与到有效参与：邻避冲突治理的公众参与发展目标》，《学习论坛》2020 年第 10 期。

境群体性事件来看，事发前信息不透明以及事发后信息仍然有限公开，是环境群体性事件发生以及处置困难的原因之一。

第四节 环境群体性事件治理的科普教育薄弱

与其他类别的群体性事件相比，环境类群体性事件无论从成因还是治理手段来看，其特殊性都很显著，科普教育则是其特殊性的表现之一。环境群体性事件的发生与环境污染危害或邻避设施安全问题有关，人们尤其对邻避设施安全问题高度敏感，常感困惑和不断追问：垃圾焚烧发电厂排放的"二噁英"、化工企业的"PX"产品是否毒性很强？通信基站的辐射对人体健康危害大不大？核能发电站是否能确保运行安全？这些问题实际上涉及一个风险认知和沟通的问题。从大量案例调查分析看，公众对环境污染物的危害性以及邻避设施的安全性一般缺乏科学正确的认知，存在风险认知偏差，常常把风险放大，以致对"PX是剧毒物""PX能致癌""PX项目高风险"等说法深信不疑，产生过度的恐惧感，进而采取环境维权行动，引发环境群体性事件。而公众对环境的安全风险认知是由多种客观和主观因素综合作用的结果，是一个主观建构过程，[①] 需要公众具备较高的科学素养和认知能力，但是，大部分普通公众的科学素养和风险认知能力偏低，这与我国环境科普教育比较薄弱有关。因此，环境科普教育的薄弱，成为环境群体性事件发生的原因之一。

一、环境科普教育内容的片面性

环境科普教育，一般是指特定主体就环境保护、环境设施及其运行所涉及的科技知识向公众进行介绍、交流、解释，使公众具备科学的知识和认知能力的一种传播行为。在内容为王的传播时代，确定什

---

① 参见刘智勇、陈立：《邻避冲突治理：环境科普教育的分析视角》，《成都行政学院学报》2018年第3期。

么样的科普教育内容极为重要。科普教育内容，应该全面客观，避免片面性。所谓全面客观，就是要善于使用传播的"两面性"诉求策略，兼顾内容的正与反、喜与忧，既要讲明环境设施和技术的安全可靠性，也不能回避其风险性、危害性。要防止有选择性、从为我所需角度进行"一面性"的科普传播，甚至故意掩盖问题，大事化小、弄虚作假。"两面性"作为一种环境科普教育的策略，要求不回避环境安全问题，预先把"问题"告知公众，增强其"免疫力"。但是，在以往的环境科普教育中，"一面性"的倾向明显，有关方面更多根据自己的立场和观点选择性建构内容，特别强调设施项目的先进性、安全性与可控性，强调企业排放的污染物对生态环境和身体健康危害小甚至无危害，而对公众特别关注和质疑的风险性、危害性等问题则轻描淡写甚至故意回避。由于公众事前对环境风险和危害缺乏适度的"免疫"，当他们面对环境安全事故频发的现实，就有被欺骗的感觉，以致会迅速改变其原有风险认知与立场。"一面性"科普教育策略的片面性，导致科普教育内容的真实性被质疑，可信度降低。科普教育内容的片面性问题在以往的环境风险沟通活动中普遍存在。

以 2009 年广州市番禺区发生反对建垃圾焚烧发电厂事件为例：2009 年 10 月 30 日，番禺区政府部门召开解释垃圾焚烧疑问的新闻发布会，邀请了近 10 位知名的相关专家参加，专家主要对番禺垃圾焚烧发电厂项目进行答疑并普及项目相关技术知识。但专家的言论遭到网友们的强烈质疑，如某专家在发布会上说我国大型垃圾焚烧炉的技术水平已经进入国际先进行列，国外技术较好的垃圾焚烧厂直接就建在居民区和生活区内，日本的垃圾焚烧厂旁边就是小学和幼儿园。[①]但真实的原因是，我国的垃圾没有像日本那样精确分类，连塑料这种会直接产生"二噁英"的垃圾也被加入焚烧。会上没有一位专家提出反对意见或是科普"二噁英"的危害。这次会议针对公众质疑的宣讲

---

① 傅剑锋：《垃圾焚烧新闻发布会不能变成"专家糊弄会"》，2009 年 11 月 4 日，见 http://www.cn-hw.net/html/shiping/200911/12129.html。

解释，完全聚焦于此项技术的先进性及风险可控性，没有实事求是地解释垃圾焚烧所产生的有毒物质"二噁英"的成分、危害性以及对周边环境的恶劣影响，也没有讲明如何保障企业排放达到标准。所以，片面和带有局限性的科普内容，不但无法说服公众，反而让公众质疑专家的资质，认为专家与政府存在利益输送、腐败等问题。许多官方发布的科普性文章，同样存在内容笼统、片面、针对性不强等问题，一味强调技术的先进性、安全性、可行性，却没有详细讲明如何安全处理，如何保障零排放技术的实现，难以使公众信服，以致许多邻避项目在巨大抗议声浪中被迫宣布停建。又如，在上海虹杨变电站建设中，上海市电力公司对公众进行科普时主要援引世界卫生组织相关文件，指出该项目不存在环境风险，但公众通过搜索、查找相关资料发现，高压输电线路会影响人体健康。在信息社会中，许多邻避设施和污染物的危害信息都能在网上查找到，片面的科普教育会使公众无法信服。许多地方在环境项目安全风险的沟通中都面临共同的尴尬，各方的风险认知难以达成共识，"公众担心重化工项目的环境风险，政府和企业则力证其安全。上马还是暂停，成了一个谁也说服不了谁的问题。"①

二、环境科普教育时机的滞后性

对社会大众开展一般科普教育，应该重在平时，坚持日常化、长期性的原则，本无特定的时机选择。但就环境群体性事件的预防与处置而言，除了平时开展常规性的科普教育外，还应当根据需要开展针对性、专题性的科普教育活动，这就需要考虑科普教育的恰当时机，以提高实效性。环境科普教育介入的时机，总的原则是与环境事项决策和环境问题治理的时间同步，与公众在风险认知中对科技知识的需求同步，只有同步甚至超前的科普教育才有助于消减公众风险认知偏

---

① 金苍:《用什么终结"一闹就停"困局》,《人民日报》2013 年 5 月 8 日。

差，预防环境群体性事件的发生。

针对一项具体的环境规划和环境政策的出台，或某一特定的邻避项目的申报建设，科普教育介入的最佳时机，无疑应该在事前。例如，在"环评""稳评"阶段就要针对公众的安全疑虑启动科普教育，进行深入的风险沟通，答疑释惑，发挥预防式科普教育的作用。然而，从大量案例看，不少地方政府或项目建设单位开展科普教育时机比较滞后，有的甚至在环境群体性事件发生后，才匆忙发放宣传资料，或邀请专家宣讲，或在官方微博、公众号、论坛介绍相关知识等，对社会上的伪科学和谣言进行辟谣与澄清，这种事发后才采取的补救式科普教育，属于亡羊补牢之举，虽然也有必要，但是对环境群体性事件已经造成的损失和影响难以弥补，要尽力避免，立足于做好预防式科普教育。[①]

科普教育时机滞后会增大事后风险沟通的难度和成本。对于与环境安全风险相关的科学问题，公众受自身知识、理性思维的局限，通常在对相关事项了解不够全面的情况下，难以对未经证实的信息的真伪进行鉴别，随着各种虚假信息、伪科学知识的广为流传，就会先入为主地接受，甚至无限放大环境风险对自身的危害。如果在这种情况下才开展一系列补救式的科普教育工作，试图澄清谣言，消除认知偏见就变得更加困难，成本也将增加。例如，厦门"PX"项目遭受抵制就暴露出科普教育的滞后问题，该项目从 2006 年 11 月准备开工建设到 2007 年 3 月引起公众广泛关注，再到 7 月关于"PX"是"剧毒""致癌""致畸"等的谣言蔓延，历时近 1 年时间。在事前甚至已出现市民的质疑反对声时，政府部门几乎未开展任何科普教育活动，直至 2007 年 5 月 28 日，厦门市环保局长才向社会公众解释"PX"项目的相关环保问题，并且在《厦门日报》做专题报道，期望能达到消减公众风险认知偏差的效果，对该项目有深入研究的林英宗

---

① 参见刘智勇、陈立：《邻避冲突治理：环境科普教育的分析视角》，《成都行政学院学报》2018 年第 3 期。

博士也在《厦门晚报》上发表文章，从专业角度指出"PX"属于低毒化合物。但这种应急式的科普教育没有产生任何效果。2007年6月1日，部分市民集体在厦门市政府门前发起抗议，抵制"PX"项目落户厦门。抗议事件发生后，厦门市科协紧急发放《PX知多少》等科普手册给公众。[①]但这时已经错过了科普教育的最佳时机，事后的科普教育效果已经大打折扣，难以改变厦门市民对"PX"项目风险的成见，最终厦门市政府决定停建该项目，迁址落户福建漳州市古雷镇。

三、环境科普教育主体缺乏中立性

常态下的环境科普教育，一般由政府主管部门、科协组织或其他社会组织实施，不涉及具体事件和特定群体的安全利益诉求，不存在科普教育主体的中立性问题，但是，在突发事件发生后，针对某一特定的环境问题或建设项目的安全问题，由谁来组织科普教育，就相关技术安全问题、污染危害问题进行解释、说明甚至判断，情况则不同了，科普教育主体的中立性就成为影响受众接受认可相关知识和结论的重要因素。在我国，不少环境科普教育的组织实施者多为地方政府、项目建设单位或带有官方色彩的社会组织，他们与环境项目存在不同程度的利益关系，既作为争议问题或项目建设的决策者，又是技术和安全问题的解释者，甚至还是安全风险的评估者。那些独立可靠的中介组织或者第三方组织常常不在被邀请之列。这表明环境科普教育主体的中立性不够，会影响科普教育内容的客观公正性，降低可信度。

尽管地方政府也常常聘用一些专家参与科普教育，解答公众疑惑，但所聘用的一些科普专家仍然带有一定的官方色彩，或与政府部门、项目建设单位存在利益关系，有时甚至由政府内部人员充当专家。因此，即使他们对环境问题、项目安全风险的分析和评估结论真实科学，这种带有"王婆卖瓜"式的自我宣传说教，难以得到公众的

---

① 参见陈光：《厦门海沧PX项目风波》，2008年7月28日，见 http：//blog. sina. com. cn/ s/blog_ 4a0a9c690100aa9w. html。

认可。例如，2016 年 6 月 25 日，湖北省仙桃市爆发了一起反对修建垃圾焚烧发电厂事件，随后仙桃市举行了针对该生活垃圾焚烧发电项目的新闻通气会，仙桃市委副秘书长及公安局、环保局、城管局等部门领导在会上分别对该项目进行了介绍，为公众科普垃圾焚烧项目，仙桃市委副秘书长称，该项目采用具有国际先进水平的逆推式、倾斜多级炉排的机械炉排炉技术，其中"二噁英"排放指标优于国内排放指标，达到了世界最严格的欧盟 IT 标准。[①] 这些参与会议并发言的单位均为仙桃市的政府部门，建垃圾焚烧发电厂项目也属于政府主导建设的公共项目，项目与政府部门的利益关系如此密切，由政府部门官员来宣讲项目的技术安全性，既无专业权威性，又无中立性，自然不会有好的效果。如何使公众真正信服项目的安全性是环境科普教育的重点和难点，在公众对地方政府缺乏信任的前提下，政府部门要通过科普教育，消除公众对项目安全的质疑几乎不可能。

四、环境科普教育的手段方式单一

环境科普教育的手段方式属于传播的形式，本质上是为提高科普教育效果服务的，不同的手段方式具有不同的功能和作用，只有综合运用多种手段方式，才可能取长补短，发挥综合优势。各地开展科普教育的手段方式归纳起来主要是：印发宣传册、官方媒体发表文章和评论、张贴标语、请业内专家做专题讲座等，总体上看比较单一、传统，以单向信息传递为主，对新技术、新媒介的运用还不够。这种以简单说教、单向信息传递为主的科普教育手段方式，不仅不能真正满足公众对环境科学知识的需求，而且互动性较弱，公众被动接受相关科学知识，难以使科普教育主体与公众进行深入全面的互动，改变公众的成见，降低或消除公众对环境安全风险的恐惧。由于传统科普教育手段方式的局限性，科普教育的内容加工效果受到影响，如表现力

---

① 参见窦远行：《湖北仙桃暂缓建设垃圾焚烧发电项目》，2016 年 6 月 26 日，见 http：//news. sohu. com/20160626/n456357527. shtml。

差，生动活泼性不强，吸引力不够。因此，在新媒体时代，应该努力创新和丰富科普教育形式，加强传统形式与现代形式的融合，采用公众喜闻乐见的形式进行科普教育，力争在科学性与通俗性，理论性与实践性的有机统一中实现科普效果最大化。

在广州市番禺区建垃圾焚烧发电厂事件中，政府部门仅仅通过新闻发布会的形式向公众科普垃圾焚烧的相关风险知识，未采取其他方式科普知识，新闻发布会的现场受众范围较小，而且缺乏与公众的双向互动，难以消除公众对该项目的质疑。又如在四川宏达集团钼铜项目事件中，当地政府部门通过在网上刊登公开信向公众科普宣讲钼铜项目相关知识，刊登公开信这种单一的科普方式，缺乏针对性，不利于公众了解钼铜深加工技术及其对环境的影响，难以消除公众对项目建成后产生的环境污染危害的担忧。

第五节　环境群体性事件治理的信息不够透明

在环境领域，公众知情权的实现，有赖于政府部门、企业和项目建设单位的信息公开透明，而信息公开的程度则与开放理念、制度保障和技术手段等的状况密切相关。几乎所有与环境治理事项、突发事件处置相关的法律法规都含有信息公开的要求，信息公开已经不存在无法可依的问题，在互联网时代更无技术手段制约问题。然而，在实践中环境信息仍然不透明，最突出的表现就是信息公开不充分、不及时，这成为环境群体性事件发生的原因之一。"没有任何东西比秘密更能损害民主，公众没有了解情况，所谓自治，所谓公民最大限度参与国家事务只是一句空话。"① 提高环境信息公开透明度，保障公众知情权，是防治环境群体性事件的重要条件。调查发现，多数环境群体性事件的发生，都不同程度与信息不够透明有关联。

---

① 王名扬著：《美国行政法》，中国法制出版社1999年版，第105页。

一、环境信息公开广度和深度不够

信息公开的广度和深度，涉及信息公开的充分程度，反映的是信息公开的水平或公开的透明度问题。有信息公开制度和社会舆论的监督作为保障，完全不公开信息的情况已经很罕见，但信息公开的广度和深度不够却不同程度存在。

信息公开广度不够，即指信息公开的内容不完整、不全面，侧重指公开信息的数量问题。在我国，政府部门是公共信息的最大拥有者，具有信息公开的优势，据统计，我国政府机构控制着公共管理80%的信息，而企业、社会公众掌握的政务信息不超过20%，政府与公众之间信息严重不对称。[①] 在一般行政过程中，有的地方政府对信息公开不积极主动，选择性地有限度公开信息，不愿意将一些重要的信息公开，对自身不利的信息更是能保密就保密。再从环境信息的公开情况看，除政府部门外，企业和项目建设单位也掌握着较多的环境质量监测信息和环境项目安全信息，公众知之甚少，成为信息的弱势方。有的地方政府、企业和项目建设单位利用这种信息的不对称，对应该公开的信息内容有所保留。在环境事件发生前，有的地方政府和企业不提供全面的信息，导致公众对环境污染危害问题、环境治理政策、环境安全状况的了解不全面，滋生误解和矛盾纠纷。当环境群体性事件发生后，有的地方政府、企业害怕被问责，有意隐瞒问题信息，掩盖真相，使公众对环境污染和邻避设施安全性产生种种猜疑，于是谣言泛滥，网络舆情迅速发酵。公众的知情权得不到保障，就对政府、企业产生敌对情绪，失去信任，并采取非理性的方式进行抗议，导致环境群体性事件不断升级。

信息公开的深度不够，即指信息的价值和效用不够，公开的信息多为一般性信息、周知性信息、结论性信息，而对关键性、敏感性、

---

① 参见战旭英：《政务公开要加大力度、深度与广度》，2018 年 10 月 24 日，见 http：//paper. dzwww. com/dzrb/content/20181024/Articel09005MT. htm。

细节性问题信息回避，秘而不宣，或笼而统之地发布一些难以满足公众最急迫需知的信息，无法消除公众的深度困惑和安全焦虑。信息公开的深度属于对信息公开的质的要求，深度不够是环境信息公开中的短板。2011 年 8 月，中共中央办公厅、国务院办公厅印发《关于深化政务公开加强政务服务的意见》①（下简称《意见》），明确提出"抓好重大突发事件和群众关注热点问题的公开，客观公布事件进展、政府举措、公众防范措施和调查处理结果，及时回应社会关切，正确引导社会舆论。"《意见》还把"公开为原则、不公开为例外"写入其中，强调重大突发事件和热点问题必须公开。但有的地方政府在信息公开时，却用一些公式化、教科书式的表述，看似内容比较多，实则很难捕捉到有用信息，对于公众真正想要了解的真相公开甚少，这种敷衍式的信息公开严重损害了公众的知情权。有的在公开信息中对于一些专业性较强的名词术语不解释，增加了公众解读信息内容的难度，不同的人按照自己的标准随意解读，导致公开信息理解的偏差。例如，一些地方修建垃圾焚烧厂，常常遭受当地居民反对，大部分原因就是信息公开深度不够。公众对垃圾焚烧发电厂最担心的是健康问题，众所周知垃圾焚烧过程中会产生"二噁英"有害物质，但很多人并不了解"二噁英"，把"二噁英"的危害妖魔化。这就需要对"二噁英"进行重点解释，但一些地方在信息公开时对其闭口不谈，引起公众的猜忌和恐惧。

二、环境信息公开的时间迟缓

环境信息公开迟缓，是环境信息公开中常见的问题，已成为环境群体性事件发生的一大因素。环境信息公开时机，贯穿环境群体性事件治理的各个阶段，不同阶段公开的范围和要求有所不同。环境信息公开迟缓，主要原因不是公开的技术、渠道限制，而是思想

---

① 《关于深化政务公开加强政务服务的意见》，2011 年 6 月 8 日，见 http://www.gov.cn/govweb/gongbao/content/2011/content_ 1927031.htm。

认识、利益考量所致。从宏观上看，还与环境行政决策系统封闭、权力运行不透明等分不开。信息公开迟缓，使公众行使知情权、监督权滞后，也为谣言的产生和传播提供了机会，造成应急工作的被动。

信息公开迟缓的问题，一方面表现在事前未及时公开信息。事前信息公开具有显著的预防作用。这里的"事前"，泛指各种环境事项的决策和实施前。例如：在政府的环境规划、环境政策出台前，邻避设施立项审批前，企业涉及环境的各种重大生产经营活动决策前。事前信息公开，需要在前述各关键环节点前开展宣传，尽早公开信息。强调事前公开信息，不仅要求事前向特定的受邀参与者公开信息，还要注重事前通过多种渠道同时向社会"吹风"宣传，面向社会广泛公开。因为，官方组织的意见征求会、论证会、听证会，参与者数量有限，加之受选择标准的局限，参与者的代表性往往不够，他们的意见未必能真正代表更大范围公众的普遍意愿和诉求，这就是有些邻避设施高票通过"环评"和"稳评"，但仍然遭到公众反对的原因。只有事前面向社会公开信息，才能在更大范围了解民意，收集更多不同意见，有助于决策的科学性。由于信息公开时机的滞后甚至缺失，在一些地方出现了项目开工时附近居民还不知情的尴尬局面，以致项目开工之时就是公众抗议之日。

另一方面，信息公开迟缓还表现在环境事件发生后，仍然不能及时公开信息。环境事件发生后，主要是指环境遭受破坏或污染，或邻避设施出现安全生产事故，这些环境事件发展到一定程度很可能引发附近相关民众的维权抗议，进而爆发群体性事件。在环境事件发生后至群体性事件发生前，也是信息公开的一个弥补时机，尽管时机偏晚，但只要信息公开充分客观，还有可能避免环境群体性事件的发生，至少可以延缓事件发生或降低事件的严重程度。因为在环境事件发生后，相关公众特别需要了解事态的发展状况、安全风险程度、人员伤亡和财产损失情况、有关方面采取的紧急防控措施等，他们对突发环境事件信息有强烈的需求，这时也是各种谣言快速流行的时间，需要抢先公开真实信息，安抚社会恐慌情绪，引导舆论，赢得话语主动权。在群体性事件一触即发的关键时刻，如果政府部门、企业和项目建设单位仍封锁信息，掩盖真相，迟迟不回应社会关切，那么群体性事件就不可避免爆发。然而，现实中，对于突发环境污染问题，尤其是因为自身的管理、决策不当造成的环境问题，企业违规生产造成的污染问题，相关政府部门和企业担心被问责，或担心地方政府和企业形象受损，首先考虑的仍是暂时"捂住"，甚至心存侥幸，希望大事化小，采取的策略是，如果问题能自我解决就不向上级报告，当然更不会向社会公开，观望和拖延时间公开信息成为首选对策。但在自媒体时代，封锁信息已不可能，尽管如此，当内幕情况已经被部分公众知晓，涉事的地方政府和企业还坚决否认，公开"辟谣"，直到媒体公开曝光后才承认，被迫公开。而且在信息公开中还以事件在调查中为由采取"挤牙膏式"地渐次公开。由于环境事件发生后才迟缓公开信息，造成小事件升级为大事件，给应急处置工作带来更大的困难。

三、环境信息公开的法规制度尚不完善

在我国，一直持续推进环境领域的法制建设，在环境信息公开方面，已出台许多法律法规和规范文件，确立了环境信息公开的及时、客观、全面等原则。可以说，环境信息公开已经有法可依，但存在的问题也不可忽视，主要表现在：法规内容比较原则宏观，配套的实施细则不健全；不同法规之间协调性不强，有的上位法与下位法之间存在冲突，法规的约束力不够强。这些问题影响了相关法规制度执行的效力，给环境信息公开带来不少困难，也为有的地方政府和企业在环境信息公开方面打"擦边球"留下自由空间。

环境信息公开的法规可操作性不强是突出的问题之一。截至2020年底，我国尚没有一部针对环境信息公开的专门法律法规，环境信息

公开主要依据的是《环境保护法》《政府信息公开条例》《环境信息公开办法（试行）》等相关法律和部门规章。《环境保护法》① 第五十三条规定："公民、法人和其他组织依法享有获取环境信息、参与和监督环境保护的权利。各级人民政府环境保护主管部门和其他负有环境保护监督管理职责的部门应当依法公开环境信息、完善公众参与程序"，虽然从法律上赋予了公众获取环境信息的权利，但并未对环境信息公开的范围、程序、渠道、时间、方式作出全面而具体的规定。《政府信息公开条例》（下简称《条例》），对政府所有行政信息公开作出一般性规定，但未涉及环境信息的公开，对于环境信息的公开指导性不强；《环境信息公开办法（试行）》（下简称《办法》），虽然对于环境信息的公开具有一定的可操作性，但仍存在一些不足，如环境信息公开主体不明、环境信息公开内容范围不明、环境信息公开限制过严等。前述《条例》和《办法》的法律位阶较低，不能有效处理与法律的冲突，在某些条文上与法律发生冲突时，只能服从法律规定。另外，《条例》规定的信息公开主体较窄以及公开范围太过原则化，致使行政主体有较大自由裁量权，一些地方政府钻法规的漏洞，经常隐瞒、漏掉一些不利信息。这导致公开的信息可能存在质量不高、公布不及时等问题。②

此外，对信息公开的违规惩处力度不大。《环境保护法》第六十二条要求："违反本法规定，重点排污单位不公开或者不如实公开环境信息的，由县级以上地方人民政府环境保护主管部门责令公开，处以罚款，并予以公告。"《企业事业单位环境信息公开办法》，③ 按照部门规章设置处罚的上限，明确了重点排污单位未按规定公开环境信

---

① 《中华人民共和国环境保护法》，2014 年 6 月 23 日，见 http：//www.npc.gov.cn/wxzl/gongbao/2014 - 06/23/content_ 1879688. htm。

② 参见刘义、吴润强、程莉萍等：《基于我国政府信息公开存在问题的对策研究》，《中国管理信息化》2019 年第 7 期。

③ 《企业事业单位环境信息公开办法》，2014 年 12 月 19 日，见 http：//www.gov.cn/gong-bao/content/2015/content_ 2838171. htm。

息的法律责任：纳入重点排污单位名录的企业事业单位违反本办法规定，由县级以上地方人民政府环保主管部门根据《中华人民共和国环境保护法》的规定责令公开，处以 3 万元以下罚款，并予以公告。并载明"法律法规有规定的，从其规定"。另外，其他一些法律法规对不公开、不如实公开信息等行为需承担的法律责任也有相关规定，如《中华人民共和国清洁生产促进法》① 第三十六条规定："违反本法第十七条第二款规定，未按照规定公布能源消耗或者重点污染物生产、排放情况的，由县级以上地方人民政府负责清洁生产综合协调的部门、环境保护部门按照职责分工责令公布可以处 10 万元以下的罚款。"可见，对企事业单位不按规定公开信息的行为的惩治方式以罚款为主，且罚款金额不高，远远不及其违法获利，难以对企事业单位形成有效约束，有的大型企业宁愿承担罚款也要违规排放污染物，隐瞒不利信息。不仅罚款额度不高，而且在实际执行中还存在执行不严的问题。这些问题都进一步削弱了有关方面公开环境信息的动力。

四、环境信息公开渠道单一

拓展信息公开渠道是环境信息有效公开的条件，地方政府、企事业单位应当将主动公开的信息通过便于公众知晓的渠道予以及时全面公开，但有的地方政府、企事业单位仍习惯于依赖传统信息公开渠道，对新兴媒体渠道不愿用、很少用，制约了信息公开的及时性、广泛性，影响了环境信息公开效能，使公众的知情权难以有效保障。

《企业事业单位环境信息公开办法》要求重点排污单位选取在其门户网站、企业事业单位环境信息公开平台或者公众普及率高、获取信息便捷的当地报刊公开其环境信息。但在实际执行中，有的地方政府、企事业单位的门户网站功能未充分发挥，利用率低，公开效果有所欠缺。地方政府拥有完善的政务媒体，发布信息的渠道是畅通的，

---

① 《中华人民共和国清洁生产促进法》，2012 年 5 月 29 日，见 http：//www. npc. gov. cn/wxzl/gongbao/2012 – 05/29/content_ 1728285. htm。

如报纸、网站、广播、电视等，但是某些门户网站的信息公开栏目形同虚设，点击进入仅有几条信息，而且发布的时间已经过去很久，缺少持续更新，说明现有公开渠道未被有效利用，难以满足信息公开的要求，无法提高信息公开的效果。

在自媒体时代下，公众获取信息的渠道变得多样化，除传统的报纸、电视、广播等大众媒体外，各类门户网站、微博、微信异军突起，很多信息通过微博、微信等软件可直接推送到公众面前，而浏览政府部门、企事业单位网站和报刊依然属于主动挖掘式的获取信息方式，在新媒体的冲击下，公众逐渐疏远传统媒介，通过报纸、信息简报或张贴公告栏主动获取信息的兴趣降低，开始习惯通过新媒介获取信息。这就要求及时根据公众媒体接触的变化，有针对性地选用媒介，精准向公众发布信息。但是，有的地方政府、企事业单位，本身缺乏主动充分公开信息的诚意和动力，仍然以网站、报纸作为环境信息、"环评"和"稳评"信息公开的主渠道，比较单一，如果公众不主动寻找，难以知晓相关信息。因此，相关部门和单位要转变观念，提高认识，拓宽信息公开渠道，将传统媒介与现代新媒介有机结合，由被动公开走向主动公开。充分利用各种新媒介，向公众精准推送环境信息，提高环境信息的传播力，保障公众的知情权。

第六节　环境群体性事件治理的风险沟通不足

大量研究和实践表明，环境污染物的危害风险或邻避设施的技术安全风险，是环境类群体性事件发生的重要原因。但是，为什么一些安全风险低、风险完全可防可控的邻避设施仍然会遭到公众坚决抵制？其原因在于公众所认知的风险与实际风险、与官方公开的风险存在偏差，这种偏差不是减低了风险而是扩大了风险，公众由此产生安全恐惧感。风险认知偏差的减小或消除离不开风险沟通，风险沟通的实质，就是对风险进行分析评估，帮助公众客观理性地认识风险，消除风险认知偏差，形成风险共识。然而，由于多种主客观因素的影响，环境风险沟通在沟通的主体、内容、渠道、过程以及策略等方面都存在问题，影响风险沟通效果，成为环境群体性事件发生的重要因素。①

一、环境风险沟通参与者的地位不平等

在环境风险沟通中，涉及众多利益相关者，大致可分为两大类：一类是官方或项目建设方，主要包括政府、专家、企业等主体；二类是非官方或利益诉求方，主要包括公众、媒体、公益组织等主体，重点是利益受到威胁和影响的公众。有效的风险沟通应该建立在双方地位平等的基础上，所谓的地位平等，泛指沟通各方拥有的权利、信息、渠道、手段等是相同的，但是，现实中政府、专家和企业等主体往往处于优势地位，而公众处于劣势地位，双方地位很难平等。在环境风险沟通中，最直接的利益相关者主要是政府、企业和公众，专家、媒体不是直接利益相关者，他们的角色比较特殊，有时具有两面性，要么保持中立，要么选一边站，他们的立场、观点，可能对风险评估结果产生较大影响。利益诉求不同的各方在风险沟通中的行为表现及其影响都是不同的。

政府部门对公众诉求的回应性不够。政府部门的回应性是政府部门对公众诉求和公众意见建议的反馈，可以反映公众影响政府部门行为和获得政府服务的能力。在环境风险沟通中，倾听并回应公众对环境安全风险的诉求是对服务型政府建设的基本要求，对于环境群体性事件可以起到预防效果，然而由于政府部门与公众地位存在不平等，加之有的地方政府官员的官本位意识强，习惯于单方面发号施令，对公众的安全风险诉求缺乏及时回应，对于公众的合理意见和建议，也难以充分采纳，致使矛盾冲突升级。多数环境群体性事件的爆发一般

---

① 刘智勇等著：《邻避冲突治理研究》，电子科技大学出版社 2017 年版，第 157 页。

有一个潜伏和积累的过程，如果政府部门在初期就能积极倾听公众的意见建议，针对公众的核心利益诉求及时、主动、充分回应，耐心解释，对合理诉求尽力给予满足，完全可能大事化小，将矛盾纠纷消灭在萌芽状态。然而在一些地方，环境污染问题暴露了很长时间，环境纠纷、信访持续数月甚至数年之久，仍然得不到基本的解决，甚至没有一个明确的说法。面对这种久拖不决甚至相互推诿，或敷衍搪塞的态度和做法，公众必然不满和失望，最终采取激烈的方式集体抗议维权。例如，在上海磁悬浮事件中，道路沿线居民认为磁悬浮列车运行会对沿线环境造成严重的电磁辐射、噪声、振动等不良影响，而相关政府部门却表示，这些都是可以解决并且符合安全要求的。面对这种认知差异，相关政府部门不仅没有作出有效信息回应，还对信息及网络论坛进行封锁，导致双方矛盾加剧，最终引发冲突。[①]

风险评估专家的中立性不够。风险评估主要体现在对邻避设施的"环评"中，不少邻避设施是具有公益性的民生项目或大型市政公共设施，地方政府与项目建设单位具有利益的一致性，有的政府官员受"政治锦标赛"机制或地方利益驱动，为了促使邻避设施尽早上马兴建，对风险评估专家的遴选往往具有选择性倾向，通常会遴选与自己具有合作关系或比较容易沟通把控的风险评估专家参与，以专家意见作为风险评估和决策的依据之一，这就难以保证风险评估专家的中立性。专家中立性，是指专家所评价或者讨论一件事项时，应当与该事项毫无利益关系，只凭自身的专业知识作为指导，以事实为依据，就事件发表自己的观点。[②] 然而，由于利益捆绑或专家为政府部门所遴选，或者专家本身就与政府部门、企业结成了三方利益同盟，或者专家受到某方面的暗示和压力影响，专家可能不敢、不愿客观公正地表

---

① 参见马奔、王昕程、卢慧梅：《当代中国邻避冲突治理的策略选择——基于对几起典型邻避冲突案例的分析》，《山东大学学报》（哲学社会科学版）2014年第3期。
② 参见熊炎：《邻避型群体性事件的实例分析与对策研究——以北京市为例》，《北京行政学院学报》2011年第3期。

达自己的意见、观点，甚至说出违心话。风险评估专家的中立性不够，对环境风险评估和风险沟通都带来不利影响：一方面为错误的风险评估和后续的项目决策提供了"合法"且"权威"的外衣；另一方面，使公众对专家失去信任，双方在风险沟通上难以达成共识。

媒体对环境风险信息的报道存在片面性。媒体的议程设置和舆论引导功能成为环境风险沟通中的又一重要影响因素。这种影响表现在三个方面：一是媒体的正负面报道对风险沟通产生不同影响。媒体对环境安全问题的客观积极报道，有助于强化环境安全的正面效能，加深公众对环境风险可控、安全等的认知，从而降低公众的安全焦虑感。反之，会强化环境安全的负面效能，使公众对环境风险的可控性产生质疑。美国学者罗杰·卡斯帕森研究发现，媒体对风险事件的消极报道会增强公众对风险事件的风险认知。[①] 二是媒体对环境安全风险的报道频率与公众风险认知之间呈正相关，即媒体报道频率越高，公众认知的风险就越高。三是媒体报道内容详略与公众风险认知成呈正相关。媒体报道得越详细、越具体，会使公众感到风险越大。可见，媒体可从报道的正负面、报道的频率、报道的详略三个方面影响风险认知，进而形成不同的风险认知结果。

在我国，媒体的地位、形式、类别、权限比较复杂，从大的方面看有两类：一类是体制内的归属党委和政府主办主管的官方媒体；另一类是行业协会、企事业单位自办的内部媒体，以及新兴的网络媒体，如网站、微信、微博等，这类媒体，可泛称自媒体。官方媒体权威性强，内容把关严，报道的可信度高。地方的官方媒体，尽管有一定的自主性，但在报道立场和内容上受官方干预较大，在涉及负面事件和敏感问题的报道上，需要与地方党委和政府的立场一致，配合服从官方需要，往往以正面、积极报道为主，较少曝光问题。自媒体的

---

① 参见 Roger E. Kasperson & Jeanne X. Kasperson, "The Social Amplification and Attenuation of Risk", *The Annals of the American Academy of Political and Social Science*, Vol. 545, No. 1 (May 1996), pp. 95 – 105。

自主性、灵活性强，但报道的可信度不高，自媒体在获取信息方面没有官方媒体的优势，获取内部真实信息面临困难，有的媒体会捕风捉影，常出现报道失真情况。有些自媒体为吸引公众眼球、增加新闻浏览量，会高频率详细报道负面问题，甚至夸大事实，断章取义；自媒体对环境安全风险的这种过度报道和关注，必然给公众带来严重的心理冲击，加重公众对环境安全问题的恐慌与焦虑，对于环境风险沟通造成严重的障碍。例如，2011 年大连发生的"PX"项目事件，8 月 8 日上午出现"PX"大罐有泄漏的谣言后，到 8 月 9 日有关"PX"会"致癌""致畸""有毒"等负面信息的微博高达 1200 余条。[1] 这些负面信息广泛传播，增加公众对"PX"项目的极度恐惧感，使公众对"PX"项目产生恶魔化的风险认知，严重影响风险沟通效果的实现。

二、环境风险沟通内容的质量不高

环境风险沟通内容是连接主客体的信息纽带，是沟通的重要物质基础。风险沟通内容的质量直接关系到沟通的有效性。环境风险沟通内容主要存在的问题是：风险信息公开不充分、风险沟通内容缺乏针对性、风险沟通内容过于专业化等。

环境风险信息公开不充分。环境风险信息是物质基础，环境风险沟通是手段和中介，环境风险认知是结果。"认知心理学将认知过程看成一个由信息获得、编码、贮存、提取与使用等一系列连续的认知操作阶段组成的按一定程序进行信息加工的系统。"[2] 据此，风险认知的形成过程，也可以视为一个以客观风险为基础的主观建构过程、个体对风险信息的加工过程、风险信息流动与转换的过程。风险认知的形成过程表明，在前端的风险沟通过程中，离不开充分的风险信息，风险信息也是公众最关注的内容之一，是风险沟通的依据。所谓的环

---

① 参见戴佳、曾繁旭、黄硕：《环境阴影下的谣言传播：PX 事件的启示》，《中国地质大学学报》（社会科学版）2014 年第 1 期。

② 尚伟：《基于认知心理视角的古文字信息处理研究》，《情报科学》2013 第 7 期。

境风险信息，泛指有助于对风险进行识别、诊断和预判的知识内容。要对企业生产中排放的污染物，以及邻避设施的技术安全对环境影响、身体健康的危害大小作出科学的判断，需要掌握许多风险信息，包括污染物的成分、企业生产运行规范、设施的技术指标、污染物的处理手段、安保应急措施、以往同类实施的安全情况等等，风险信息越充分全面对风险沟通就越有帮助。但是，在涉及环境安全风险，特别是邻避设施的安全风险沟通中，有的地方政府和企业的信息公开观念依然传统封闭，有的官员甚至认为信息公开越多，带来的麻烦也越多，选择性地公开信息成为他们的习惯做法。为了顺利通过"环评""稳评"，有的地方政府和企业往往选择公布那些不会遭到公众抗议和反对的信息。对于邻避设施存在的可能危害公众健康和切身利益的敏感类信息，避重就轻，或以各种理由将其列入政府内部保密控制信息不予公开。

环境风险沟通内容针对性不强。有效的风险沟通，除了信息内容充分外，还需要公开的信息具有针对性、相关性，与公众的需求高度契合。风险沟通内容越有针对性，就越能解疑释惑，达到良好的沟通效果。但在实际过程中，风险沟通缺乏对公众具体关切的调查分析，未把握准热点、焦点和敏感点问题，沟通内容多是标准化的表达，缺乏针对性，无论是新闻发布会，还是恳谈会、听证会、座谈会，抑或是基层走访、调研，沟通对象和形式在不断变化，但沟通的内容基本不变，千篇一律，过于宏观原则，使风险沟通成为规避上级政府部门问责以及舆论批评的走过场。在涉及公众最关心的敏感问题时，有的地方政府官员回答含糊其辞，要么以各种理由搪塞，要么"顾左右而言他"，政府部门的回应点与公众的关注点错位。以邻避设施的风险沟通为例，公众关心的是设施的技术安全风险大小及其可控性问题、设施辐射污染危害问题和设施建设单位的安全应急保障措施，而相关部门往往就邻避设施项目的合法性问题、技术先进性问题展开大篇幅的回应，始终没有直击重点。对公众关心的实质性问题，如果缺乏明确的解答，不敢正视，只会进一步增加公众的疑虑和担忧。在2012年四川宏达集团铜钼项目事件中，面对公众的环境污染疑问，当地政府在初期仅凭一纸公文告知公众：铝铜项目环评已通过，符合国家相关要求。公众担心的问题常常是，项目是否存在环境污染？严不严重？为什么选址在"我家后院"？发生污染后该如何应对？仅以"项目环评已经通过，符合审批程序"这种公式化答案来回应公众，怎能消除他们的疑惑？

环境风险沟通内容过于专业化。环境风险沟通内容是理解和认知风险的基础，风险内容如何表达呈现，更加通俗易懂，让公众易于理解接受则是一个很关键性的问题。环境安全风险问题，特别是对一些邻避设施的风险识别，涉及较强的专业技术知识，如对"PX"项目、核能发电站等的安全风险认知需要物理、化学、生物、毒理学等专业知识。然而，普通公众在这方面的专业知识普遍缺乏，也与专家的专业知识水平存在巨大差距，过于专业化的内容表述使公众难以理解。在以往的风险沟通中，公众和专家使用的是不同的知识体系、话语体系，缺乏交流的平等基础。有的"环评"报告中充斥着大量专业术语，分析简略，学术味浓。

专家在风险沟通的内容上相对垄断的话语权和所谓的科学技术优势，并不能保证风险沟通的有效性。相对于那些艰涩难懂的专业内容，公众更愿意接受那些直观化和通俗化的内容表达。艰涩难懂的专业化术语和复杂的数理统计数据，在专家和普通公众之间竖起了一道技术壁垒。就算公众接收了风险沟通的信息，未必能真正理解和认知风险，他们更愿意相信自己的直觉判断和经验推理，而直觉和经验往往会有偏差，将风险扩大化。如何用公众能听得懂的语言进行风险沟通，是风险沟通中值得解决的技巧性问题。

三、环境风险沟通的渠道不畅通

环境风险沟通依赖于渠道，环境风险沟通渠道是沟通主客体之间意见交流的载体和平台。但是现有风险沟通渠道存在不畅通的问题，表现为沟通渠道较单一、渠道具有单向性、对新媒体沟通渠道监管不力，这些问题对有效开展风险沟通有不利影响。

环境风险沟通渠道单一。通常风险沟通渠道可分为两大类：一类是人际沟通渠道，指人们面对面的直接交流渠道，主要包括新闻发布会、听证会、座谈会、恳谈会、交流会、访谈调查等；另一类是非人际沟通渠道，主要包括报纸、电视、广播、宣传栏、宣传册等传统大众沟通渠道，也包括微博、微信、QQ、政务网站、网络论坛等新兴网络沟通渠道。不同的沟通渠道有各自的优劣，环境风险沟通渠道建构的策略是，渠道整合，优势互补，形成合力。

虽然可供选择的环境风险沟通渠道已经不少，但是真正被利用并充分发挥作用的渠道却不多。以邻避项目为例，在项目论证立项之前，公众的疑问和担忧最多，这一阶段需要地方政府或项目建设单位对相关公众开展大量沟通释疑，但在一些地方，实际情况却是在项目上马前期信息不透明，风险沟通渠道基本处于封闭状态。等到项目开工后出现公众的各种质疑和抵制时，有关方面才急忙进行宣传解释，常常采用一纸情况通报进行单向传递，而这种沟通渠道是难以消除公众疑惑的。当小的矛盾纠纷演变为环境群体性事件后，所依赖的渠道也主要是报纸、电视、广播、新闻发布会、交流会等常规渠道，沟通效果必然不佳。例如，在北京六里屯垃圾填埋场建设中，附近村民因对垃圾填埋场散发的臭味表示强烈不满，也经常向本地村委会或者业委会反映情况，但是并没有取得效果。据村民反映，垃圾填埋场建设单位作为运营单位，也没有设立与他们有效沟通的渠道。沟通渠道的缺失导致居民无法了解垃圾填埋场运营情况，增加了对垃圾填埋场污染的恐惧心理。①

环境风险沟通渠道的互动性不强。风险沟通渠道的回应力直接关

---

① 参见胡象明、刘鹏、曹丹萍：《政府行为对居民邻避情结的影响——以北京六里屯垃圾填埋场为例》，《行政科学论坛》2014 年第 6 期。

系到公众诉求的满足程度、风险沟通的深度，而回应力大小则与互动性强弱有关。开展风险沟通，不是单向的信息通告，而是需要彼此进行深入的交流、讨论甚至争辩，通过"说服性"沟通以改变对方原有态度，这对沟通渠道的互动性功能要求极高。但现实中常用的沟通渠道主要是电视、报纸、广播等媒介，以及举办新闻发布会、发布通告文书、开辟宣传栏、印发宣传册等单向信息传播渠道。通过这些渠道，地方政府和项目建设单位可以把相关决策结果、意见、看法传递给公众，但无法有效回应公众的想法、意见和感受，主客体之间缺乏深入交流，难以形成良性互动。这不符合"双向沟通"和"积极回应"原则，难以达到风险沟通的目标。[①]

在 2012 年江苏启东市发生的反对污水排海工程事件中，当地政府部门在群众表达抗议后，随即安排常务副市长发表视频讲话，但这种单向的传播渠道，只是单方面表达了政府部门的意见和想法，无法将群众的诉求和意见反馈回去，官民之间无法平等对话，因而很难达到风险沟通的效果，最终事态进一步恶化。[②] 虽然访谈调查、座谈会、恳谈会、新闻发布会等渠道属于直接的人际双向沟通渠道，但这些渠道只能选取部分公众代表参与，参与面窄；一般作为交流征求意见的会议规模不宜超过 100 人，而环境污染或邻避设施安全风险涉及者众多，少则数千人、数万人，多则达数十万人甚至百万人以上，仅靠直接的人际沟通渠道也有局限，还需拓展多种沟通渠道取长补短。

自媒体渠道的"弱控制"特点影响环境风险沟通效果。公众希望能在第一时间了解环境风险评估的真实情况，了解环境事故的处置情况，如果有关方面反应迟钝，不能及时发布信息，出现信息供给短缺，那么公众将会转向小道消息，以满足知情的需要。非正式渠道是小道消息传播的主要渠道，非正式渠道主要指网络新媒体，特别是自

---

① 参见华智亚：《风险沟通与风险型环境群体性事件的应对》，《人文杂志》2014 年第 5 期。
② 参见华智亚：《风险沟通与风险型环境群体性事件的应对》，《人文杂志》2014 年第 5 期。

媒体。自媒体渠道优势明显，开放、便捷、高效的传播方式使其成为社会公众传播信息和交流的重要平台，也成为环境风险沟通的一种补充渠道。但是，自媒体渠道的准入门槛低，任何人都可以创建，并成为信息的生产者和发布者，而且信息发布与传播通常是匿名的，传播信息的真实性较低，但传播的速度却非常快，范围也较广，因此，自媒体渠道不易被有效监管，被称为"弱控制"渠道。

可见，自媒体渠道是一把"双刃剑"：一方面，自媒体的优势有助于开展环境风险沟通，扩大沟通范围，提升沟通的互动性和精准性；另一方面，自媒体上的信息繁杂、鱼目混珠，对正常的风险沟通产生严重冲击，降低政府部门的公信力，加深官民之间的矛盾和误解。在现实中，有的人通过自媒体发表不负责任的极端言论，组织集体抗议行动，给相关部门施加压力，以满足自身不合理的利益。还有人通过自媒体散布伪科学谣言，把"PX"项目污名化、妖魔化，自媒体已成为环境群体性事件发生发展的重要推手。自媒体渠道的"弱控制"特点，给自媒体的管理提出很高要求，既不能完全"封堵"，又不能放任不管，必须理性辩证地对待自媒体，学会善用自媒体，善管自媒体，避免顾此失彼。如何扬长避短，更好发挥自媒体在风险沟通中的作用，是一个有待研究的新课题。

四、环境风险沟通的策略和技巧不当

风险沟通策略实质上就是风险信息传递者根据信息接收者对信息的需求、处理、接收和理解能力的不同情况，制定针对性的信息沟通计划，并依据环境的变化灵活选择适合的风险沟通方案。[①] 风险沟通的技巧，是指风险沟通的具体方法和艺术。沟通策略和技巧，都属于沟通内容以外的形式范畴，是为沟通内容服务的。环境风险沟通策略和技巧，对于提升环境风险沟通效果具有不可忽视的作用，但长期被

---

① 参见江林茜主编：《管理沟通》，西南财经大学出版社 2010 年版，第 71 页。

轻视。在实际的环境风险沟通中，沟通策略和技巧不当的问题仍然存在。

环境风险沟通策略选择不当。在风险沟通过程中，可供沟通主体选择的策略包括告知式策略、说服式策略、征询式策略和参与式策略。告知式策略是在沟通主体完全掌握信息的情况下，通过向沟通对象叙述或解释的一种策略，告知式策略成为有的地方政府和项目建设单位习惯采用的主要策略。告知式策略是一种单向沟通策略，实施比较简单，但风险沟通的效果较差。美国学者 Vincent Covello 和 Peter Sandman 指出："如果你为应对一个风险情形而提出一个实质性行动的时候，而且你想人们来听一听，你首先应该听听他们。"① 这表明风险沟通是双向的，了解需求是前提，但是有的地方政府习惯以我为主的行政方式，较少征询公众意见，往往认为应该说什么，就说什么，信息沟通变异为简单地告知公众，这种告知式的策略缺乏互动性与针对性。例如，2012 年宁波市发生一起"PX"项目冲突事件，在发现民意涌动后，相关政府部门随即安排网络发言人发布《关于镇海炼化一体化项目有关情况的说明》，但官方表态没有收到预期效果。这种方式是一种单向告知式的传播，单方面表达了政府的想法，无法听取公众的意见和建议并有效回应，沟通效果必然不佳。②

环境风险沟通技巧不当。环境风险沟通是一门艺术，技巧性很强。信息的编码、传递，语言的表达，倾听公众的诉说，都需要一定的技巧。对于某些环境风险判断，有时各方的风险认知差异很大，要消除风险认知偏差，形成共识，往往需要采用说服性沟通，难度较大，技巧性要求高。环境风险沟通技巧中的问题，归纳起来有以下几方面：

---

① Vincent T. Covello & Peter Sandman, "Risk Communication: Evolution and Revolution", *Solutions to an Environment in Peril*, Vol. 18, No. 4 (January 2001), pp. 164 – 178.

② 参见易鹏：《宁波 PX 事件为何"双输"》，2012 年 10 月 30 日，见 http://business. sohu. com/20121030/n356122145. shtml。

　　沟通的针对性、节奏性技巧不当。心理噪声理论指出，心理噪声会影响个体的风险识别、判断，甚至影响其风险沟通和相应行为。[1]威胁、害怕、担忧、恐惧、愤怒等情绪都有可能直接成为风险沟通的障碍。[2] 因此，风险沟通需要充分考虑对象的情绪，避免心理噪声的干扰。环境风险沟通过程是公众的心理情绪变化过程，有的沟通者对公众心理情绪变化认知不足，从公众初期感到威胁、害怕，再到中期感到疑惑、担忧，最后感到恐惧、愤怒的情绪变化过程中，缺乏针对性地化解、引导。此外，公众对环境风险的关注是一个渐进知觉的过程，风险沟通需要考虑公众的知觉层次，逐渐提供其所需信息。现实中，有的沟通者要么在邻避项目申报论证初期故意隐瞒风险信息，要么到事发后期将信息集中发布；信息发布渐进性的缺乏，导致公众接收信息的空白或信息消化不良。

　　表态的分寸技巧把握不当。有实验研究发现，不同的信息传递方式会使被试者产生不同程度的风险认知。[3] 信息编码需要做到以事实为依据，根据公众心理接受程度有技巧性地编排。如果对风险信息表述存在言过其实的问题，过早地作出绝对安全的判断，其后如果真正发生安全问题，将会使自身陷入非常被动的境地。本想尽快安抚民心，但是过早作出确定性承诺往往要承受巨大风险。一个邻避项目就算有99.9%的可能是安全的，但只要有0.1%的可能发生风险，那么这个项目就不是绝对安全可靠的。应该承认风险的不确定性，只有把客观事实呈现给公众，让公众理性判断，而不是一味地诱导公众，隐瞒真实情况，才能进行真正意义上的风险沟通。

　　语言的表达技巧不当。语言是风险沟通内容的重要媒介，语言表

---

[1] 参见华智亚：《风险沟通与风险型环境群体性事件的应对》，《人文杂志》2014年第5期。

[2] 参见 Anna Trakoli, "Risk Communication: A Handbook for Communicating Environmental, Safety, and Health Risks", *Occupational Medicine*, Vol. 65, No. 7（October 2015）, p. 602。

[3] 参见谢晓非、李洁、于清源：《怎样会让我们感觉更危险——风险沟通渠道分析》，《心理学报》2008年第4期。

达的通俗性、具体性、丰富性、形象性、亲和性会影响内容的可接受程度。常见的风险沟通在语言表达上的问题是：缺乏换位思考、友善性不够、内容空泛、正负面未结合。缺乏换位思考的结果就是一厢情愿，不分析公众的需求，主观性太强。语言表达的生硬无趣，空洞无物，又难以吸引和满足公众的需求。此外，语言正面表达较多，负面表达较少。语言的正负面表达是一项沟通技术，框架效应理论表明，从正面向人们描述风险时，人们倾向于规避风险，而从负面向人们描述风险时，人们则倾向于寻求风险。① 在风险沟通中语言的负面化表达不当，会导致公众过于保守，全力规避风险，反而影响了风险沟通的顺利开展。

---

① 参见梁哲、许洁虹、李纾等:《突发公共安全事件的风险沟通难题——从心理学角度的观察》,《自然灾害学报》2008 年第 2 期。

第五章　我国环境群体性事件
合作治理模式的构建

对环境群体性事件治理的历史和现实的反思表明，政府单一主体治理、多元主体协同治理都不完全适用于环境群体性事件。同时，分析环境群体性事件发生的原因发现，尽管具体原因较多，但归根结底主要是治理理念和模式存在偏差。为有效破解环境群体性事件治理面临的困境，构建合作治理模式成为必然选择。合作治理模式作为一种新型治理模式，有别于传统的政府单一主体治理模式、多元主体协同治理模式，它有什么特点、功能、构建条件和结构，需要进行深入研究，以此为完善合作治理模式的实现机制提供依据。

第一节　环境群体性事件合作治理模式的特点

合作治理模式是治理主体的基本行为范式，是对治理理念、治理过程、治理手段等治理要素的一种高度概括。合作治理模式的特点，是其区别于其他治理模式的重要依据。研究合作治理模式的特点，有助于理解合作治理模式的功能，有助于理解合作治理模式对于环境群体性事件治理的适用性，有助于理解合作治理模式构建的条件。概括起来，合作治理模式具有如下四个主要特点：

一、合作治理主体的多元而平等

合作治理主体的多元，是指治理主体不是单一的，其构成具有类多量大的特点，这与协同治理模式没有本质性差别，所不同的是不仅主体多元，而且各个主体之间不是管理和被管理的关系，在权利、义务上彼此地位平等。

就我国国情而言，参与环境群体性事件合作治理的多元主体，除党委、政府、人大、政协等组织外，还包括企事业组织、非政府组织（或称第三部门、非营利组织、社会中介组织等）、群团组织（含工会、妇联、共青团等）、群众自治性组织（含城市社区居民委员会、农村社区村民委员会）等类型。① 在合作治理中，这些主体之间不是行政关系中的管理与被管理的关系，而是在民事关系中地位平等的合作者关系。

在我国传统的政府单一主体治理模式下，面对环境群体性事件，主要由政府主体负责应对，政府同时负责宏观层面的政策制定和微观层面的监督执行。作为市场主体的企业在环境群体性事件治理方面始终处于一种被动的管理相对人的地位。特别是在邻避冲突事件中，作为项目建设方的企业常常在政府维稳要求下，被动地决定项目停产、停建、迁址或二次环境评估等。而普通的个体公众，在参与方面常常被政府部门"代劳"，也基本缺位。在多元主体协同参与治理模式下，社会组织、公众有了一定程度的参与机会，政府鼓励支持他们发挥各自优势，但实质性的作用发挥仍然有限。以核电站项目的决策为例："由于核电站项目的决策主体主要是地方政府、项目方和科技专家，而民众的有效参与却很少。"② 从实践来看，公众参与环境决策的机会较少，如2008年上海正文花园小区旁边拟建500kV变电站，引发小区居民抗议，居民拉起"还我知情权""还我健康权"的横幅，

---

① 参见刘智勇等著：《我国公共危机管理理论与实践新探索》，四川人民出版社2015年版，第23页。

② John Durant, "Participatory Technology Asscessment and the Democratic Model of the Public Understanding of Science", *Science and Public Policy*, Vol. 26, No. 5（October 1999）, pp. 313 – 319.

表示自己应有的知情权和参与权受到了压制。① 对于公众参与，国外有学者站在科学主义的角度认为，科技专家有能力作出正确的决策，而缺乏专业知识的民众理应被排除在决策程序之外。② 公众虽然与专家同样属于社会主体范畴，但由于公众信息掌握不全面，相关知识少、不专业，也通常被排除在环境公共决策外，公众作为利益相关方，如果参与缺位，有可能引发环境事件甚至环境群体性事件。

在合作治理模式下，政府主体和其他主体的地位是平等的，多元主体如政府主体、企业主体、公众主体可以在合作的行动中寻求民主协商，自主解决共同问题，实现各自的利益诉求。合作治理中各主体地位平等，并不排斥各主体可以根据自己的优势更多承担责任义务，地位平等，不是简单的平等分享利益。按照责任与利益对等原则，多担责多获利，这也是地位平等的体现，而责任与利益匹配失衡，才是所谓的地位不平等。治理主体的多元而平等，带来治理规模或范围的扩大，治理效能与公平的均衡化，更加驱动相关配套制度的创新，改变以往政府单一主体全面管理社会事务的格局，除了有助于释放政府社会治理压力外，还可大大降低制度运行的成本。多元主体的出现，不仅代表着单一主体治理历史的结束，也是对传统民主的一种超越。③ 从国际宏观层面来看，中国积极推动"一带一路"建设，加强与其他国家的交流合作，宣传平等合作、互利共赢的观念，打造人类命运共同体，也是构建全球风险治理机制的过程。从中国国内来看，复杂的经济转轨、社会转型问题相互交织，远远超出了政府单一主体治理的能力，也是协同治理难以解决的问题，"应该积极地将社会组织、企业等部门纳入治理框架中来，通过合作治理来

---

① 参见 MzLoghui：《上海正文花园的"变电站之争"》，2008 年 1 月 5 日，见 http：//www.mzyfz.com/news/times/f/20080105/212934.shtml。

② 参见［美］大卫·古斯顿著：《在政治和科学之间：确保科学研究的诚信与产出率》，龚旭译，科学出版社 2011 年版，第 77 页。

③ 参见张康之、张乾友：《民主的没落与公共性的扩散——走向合作治理的社会治理变革逻辑》，《社会科学研究》2011 年第 2 期。

减轻政府负担"①。可见，合作治理模式的出现，有其现实必要性。

二、合作治理的权力共享

权力的共享是指权力不归属于任何一方独有，权力共享的实现是基于主体地位的平等。根据具体情况，以及开展共同行动的需要，权力在多元主体之间共享。但权力共享，并非平均分配权力，各主体分享权力的大小与其在合作治理中的责任和贡献相匹配，权力是履行责任的需要，权大责大，权责对等是合作治理得以实现的基础。"合作治理需要权力，或者说，权力依然是合作治理中的必要因素。"② 在政府单一主体治理模式下，权力集中在政府主体，政府通过自上而下单一向度的发号施令、制定并实施政策，进行环境污染治理、环境设施设备供给、环境事故处置、环境群体性事件治理。与单一主体治理模式中权力的集中不同，"合作治理是一种权力与自由裁量权的共享"③，面对环境群体性事件治理的挑战和复杂性，多元主体更加依赖于共享的知识、智慧，而不是集中于某一个主体的利益主张和垄断权力的行使。在合作治理中政府部门不再是治理过程中唯一的权力中心，那些能够得到公众认可的私人企业、社会团体等其他主体都可能享有一定的权力。④

当社会呈现的是较低程度的不确定性和复杂性时，政府集中行使权力使其在社会事务的处理中具有竞争力，能够迅速化解平息小规模的环境群体性事件，虽然事件处置的效率得到提高，但是"效率是一个目标，只是政府追求公共利益时的众多目标之一"⑤。在现代社会高

---

① 杨雪冬：《论国家治理现代化的全球背景与中国路径》，《国家行政学院学报》2014 年第 4 期。

② 张康之：《论社会治理中的权力与规则》，《探索》2015 年第 2 期。

③ 敬乂嘉：《合作治理：历史与现实的路径》，《南京社会科学》2015 年第 5 期。

④ 参见颜佳华、吕炜：《协商治理、协作治理、协同治理与合作治理概念及其关系辨析》，《湘潭大学学报》（哲学社会科学版）2015 年第 2 期。

⑤ ［美］唐纳德·凯特尔著：《权力共享：公共治理与私人市场》，孙迎春译，北京大学出版社 2009 年版，第 5 页。

度不确定和复杂性条件下，效率不是唯一追求，公众更加注重对公共安全、环境质量、公共卫生等社会共同利益的追求，并且"在共同利益的追求中寻求集体行动"①。致力于化解社会复杂问题的各类主体出于对公共利益的实现，根据共同行动的需要来决定谁执掌和行使权力，换言之，合作治理中权力的拥有和行使与主体的专业性相关，应该将事情交给更适合的主体来做。

依靠权力共享，各主体发挥各自优势。环境群体性事件的治理需要决策、执行和监督各环节有效衔接，每一个环节都需要多元主体的共同行动。决策权、执行权和监督权不同程度地分散于多元主体，多元主体在地位平等的前提下，在决策、执行、监督过程中根据自身所长，行使各自的权力，发挥各自的作用。在合作治理模式下，政府部门不是权力的控制者，也不承担授权与分权的角色，而是与其他主体一样依责平等共享自身的权力。权力共享的结果是，各主体通过行使权力实现自身合理利益。例如，在环境群体性事件的合作治理中，媒体拥有采编、发布权威信息的权力，以填补"信息真空"，还对社会进行科普教育，引导舆论。社会组织和公众拥有参与治理决策的权力、建议的权力、监督的权力，并从以往的形式化参与走向实质性参与，在治理过程中真正达成与其他主体的合作关系。

权力共享意味着权力在多元主体之间的多向互动，而不是一直稳定归属于某一主体。各主体之间的权力多向互动可以反映多元主体所构成的治理系统如何运行。权力共享是一个互动的过程，即在多元主体的共同行动中，伴随着任务的不同，权力随机变动和转移，可以自上而下，也可以横向相互传递。

值得指出的是：合作治理模式也有一个从低级走向高级的发展过程，合作治理主张多元主体地位平等，权责对等，治理系统自主运行。对此也不可绝对化、简单化理解，就我国的具体特殊国情而言，

①　Barbara C. Crosby, *Leadership for the common good: tackling public problems in a shared-power world*, San Francisco: jossey bass publishers, 2005, pp. 278 – 279.

从合作治理现阶段的水平来看，在重大事项的合作治理中仍然需要政府部门扮演重要的角色，多发挥引导、协调的作用，完全依靠自组织机制实现合作仍是不太现实的。尽管如此，这与传统的政府为绝对中心、政府高度集权、强制管控仍是有较大区别的，合作治理模式是一种新型的现代治理模式。

三、合作治理系统的动态性

合作治理系统的动态性意味着系统不是一成不变的，而是随着内外环境情况变化而不断优化的。合作治理系统会随时与所处的社会环境进行信息交换，主体结构变化、主体间关系的调整等都是系统动态性的表现。风险给人类生活带来了不少的不确定性和不可预测性，风险社会对各主体的治理能力提出了挑战，各主体不能再依靠制度惯性和思维惯性进行治理，只有及时认知和预测外部环境的变化，不断调整、变革，才有能力在高度不确定性和高度复杂性的风险社会中实现有效合作治理。合作治理系统的动态性，使系统能不断保持弹性和韧性。

合作治理系统的动态性建立在系统开放的基础上。没有系统的开放就没有系统的动态性，只有开放，系统才能从外部吸收信息，才能根据外部世界的变化适时优化系统内部结构和功能，也只有开放的系统才能够广泛吸纳各类主体以壮大自己。合作治理系统是开放的，随时准备把一切具有合作意向的人纳入合作治理系统。在政府单一治理模式下，治理系统是封闭的、静态的，单一权力主体在治理边界筑起高墙，其他主体难以进入，更难以发挥作用。"合作治理是开放的治理，在合作治理模式中，虽然政府在治理过程中发挥着引导的作用，但是，参与到治理过程中的每一个治理主体都能够平等地在治理活动中发挥其应有的作用，对于关涉到公共利益的每一项公共事务，都能够平等地发表意见和积极地采取合作行动。"[1]

---

[1]　张康之：《合作治理是社会治理变革的归宿》，《社会科学研究》2012 年第 3 期。

环境群体性事件合作治理系统不仅整体具有动态性，而且各主体也表现出动态性特点，这就是各主体自身具有自组织性、自适应性和自协调性。在高度复杂性和高度不确定性的社会背景之下，相对封闭的系统无法实现对复杂性和不确定性的有效控制，而需要通过增强组织的开放性和流动性去适应复杂性和不确定性。合作治理系统具有开放性的特点，能够开放容纳不同主体的加入。多元主体以自愿的原则加入合作治理系统，在相互承认合作行为体的独立性和自主性前提下，自觉地去适应，而相互适应的过程本身就是合作，谋求相互适应的过程就是一个合作的过程。合作治理系统以共同的行动来实现共同的目标，多元主体的利益诉求是不同的，主体具有自我协调性，适当调整自身的利益诉求，通过协商的方法实现各自合理的利益。

四、合作治理利益目标的互利共赢

合作治理中主体地位平等，权责共担，就必然要以互利共赢为合作的结果导向。合作共赢已成为当今世界普遍的价值理念。习近平主席在博鳌亚洲论坛 2015 年年会上的主旨演讲中指出："只有合作共赢才能办大事、办好事、办长久之事。要摒弃零和游戏、你输我赢的旧思维，树立双赢、共赢的新理念，在追求自身利益时兼顾他方利益，在寻求自身发展时促进共同发展。"①

通过合作实现互利共赢不仅是国际合作、全球治理中的利益目标，也应当是国内合作治理的共同遵循，具体到环境群体性事件的合作治理，追求"互利共赢"的利益目标是确保合作治理可持续发展的基本条件。合作治理系统中的多元主体都拥有自身的利益诉求，在公共利益最大化指引和自身道德约束下，在共同行动中有效兼顾其他主体的合理利益，实现互利共赢。在风险社会中，所有的主体难以独自应对高度复杂性和不确定性的社会风险因素的挑战，地方政府在应对

---

① 《习近平主席在博鳌亚洲论坛 2015 年年会上的主旨演讲》，2015 年 3 月 29 日，见 http：//www.xinhuanet.com/politics/2015 - 03/29/c_ 127632707.htm。

环境群体性事件特别是邻避冲突事件的过程中，离不开媒体的参与，需要依靠媒体传递信息、设置议程、引导舆论、塑造形象，也需要企业的参与。正因为如此，环境群体性事件的治理需要多元主体参与合作，而合作的纽带则是共同的利益诉求，没有利益的获得，就失去合作的动力；合作后没有达到互利共赢，合作不可持续或者半途而废。因此，在合作治理中，要以互利共赢作为利益目标，而不是在治理过程中互相牵制，搞零和博弈。只有这样，环境群体性事件的合作治理才能持续推进。

环境群体性事件合作治理的各主体都必须在尊重其他主体利益的基础上，制定自身的行动方案和行动策略，通过对话、协商、谈判的形式，尽力增进彼此的共识，弥合分歧和消解冲突。此外，还必须在充分吸纳合作治理各主体的意见建议的基础上，确定环境群体性事件合作治理的目标和任务。通过合作治理这个动态系统的主动筛选，各主体的核心优势和相对劣势得以重新优化配置，从而形成一个优势互补、合作共赢的有机体。环境群体性事件合作治理摒弃以往以某一主体"单赢"的零和博弈方式，注重在合作中追寻"多赢"的最佳结果。

第二节　环境群体性事件合作治理模式的功能

环境群体性事件合作治理模式的功能，是指以合作方式治理环境群体性事件所产生的作用和效能。合作治理模式的功能大小，可以反映该模式的优劣，也是该模式得以存在的依据之一。结构决定功能，合作治理模式是一个开放的、科学的结构体系，在环境群体性事件治理中，可以使参与主体多元而平等，构成灵活开放的治理结构；可以使多元主体在不断互动、协商沟通中，增进信任并达成共识；可以使多元主体在权责共担基础上共享利益。合作治理模式所具有的这些特性，意味着该模式具有多种积极功能。

一、增强治理的合法性与正当性

环境群体性事件的治理依靠各个主体权力的行使，权力是一种可以改变对方行为的强制力量，这种力量强调主体对客体的强制性作用力。① 后现代的权力体现的是约束和规制，表现出更多非国家形式的权力。而合作治理本身就包含了深厚的民主行政的意蕴。

政府单一主体治理环境群体性事件的权力来源于人民，治理方式和手段应该体现人民的意志，权为民所用，但如果在实践中缺少对人民想要什么、喜欢什么、痛恨什么、希望什么的了解，治理效果就难以体现人民的意愿。环境群体性事件往往涉及多个相关利益者，按照大家的事大家商量解决的起码原则，也应该让各相关利益者都参与其中，如果仅以某一主体来主导问题的解决，而把其他利益者排斥在外，其合法性和正当性何以存在？环境群体性事件的合作治理模式将"官治"创新为"官民共治"的新型关系，以权力共享为基本特点，包含多元参与、责任共担、平等协商、透明公正等积极要素，这些要素的融入成为治理行为合法性、正当性的源泉。

合作治理系统建立的目的是形成一套容纳多元主体的机制，这套系统与传统的科层体制有较大的区别。在合作治理系统内，不再只有政府权力一种表现形式，还具有多种表现形式的权力，各个主体平等地拥有与责任匹配的各项权力。合作治理可促成并推动各治理主体之间互动与平等对话，即各治理主体愿意以协商讨论的方式而非其他强制方式来解决共同面临的问题或冲突，故有助于各治理主体通过公共协商与对话的方式与途径，彼此分享和表达各自的观点，沟通并交换各自的理由，从而消除分歧，达成共识；此外，合作治理还能够打破公私之间的藩篱与障碍，这对民主政治的建立与完善具有相当大的裨益，"因为民主宪政的未来依赖于政府不再是'我们对抗他们'，而是

---

① 参见俞可平：《权力与权威：新的解释》，《中国人民大学学报》2016 年第 3 期。

我们和他们'共同工作'"①，政府与私人参与者及社会组织之间的良性互动与合作，在治理中获得并享有更大的正当性与合法性。

二、有效实现共同的目标

目标对主体行为有着导向和规范作用，环境群体性事件治理的目标决定着治理的成效。环境群体性事件治理的目标是什么？因分类的标准不同会有多种目标表述，如利益目标、维稳目标、效能目标等，还可细分出其他目标。对开展合作行动的多元主体的利益诉求来说，合作治理目标就是实现互利共赢。在多元主体达成共同利益的基础之上，进而实现整体长远治理目标——国家长治久安，社会和谐稳定。环境群体性事件合作治理的目标，还可从如下治理过程考量：

合作治理有助于实现风险治理目标。对于环境群体性事件的治理，要求坚持以预防为主，常态与应急相结合的原则，达到"使用少量钱预防，而不是花大量钱治理"②。多元主体合作治理，可以使不同类型和层次的主体参与到群体性事件治理中，使治理主体的代表面更广泛，拓展到社会的方方面面。特别是那些个体公众和基层社会组织，数量大，广泛分布于社会系统的底层，他们可以第一时间发现、捕捉到各种问题苗头、征兆，及时反馈给合作治理系统，提高预防能力。因此，多元主体在合作治理过程中能够更好发挥对风险和危机预判的优势。

合作治理有助于实现环境群体性事件的有效处置目标。从以往不少环境群体性事件的发生来看，"大闹大解决，小闹小解决"，成为一些人的行动逻辑，于是他们以各种非理性方式引起社会关注，求得问题的解决。面对参与者的激烈情绪，一方面，地方政府为了社会的稳

---

① ［美］约翰·D. 多纳休、理查德·J. 泽克豪泽著：《合作：激变时代的合作治理》，徐维译，中国政法大学出版社 2015 年版，第 20 页。

② ［美］戴维·奥斯本、特德·盖布勒著：《改革政府：企业家精神如何改革着公共部门》，周敦仁译，上海译文出版社 1996 年版，第 205 页。

定，无论企业的建设项目是否合法、有无污染风险，都采取"一刀切"的简单方式强制要求企业暂停项目的实施或暂停企业生产，相关企业在行政命令下只能选择妥协服从；另一方面，地方政府为了地方发展利益和企业利益，可能通过管控手段或"以钱换平安"的经济手段解决矛盾冲突。这些做法虽然能快速平息事件，但治标不治本，难以实现长久的稳定。合作治理模式使政府、企业、媒体、社会组织和公众等多元主体成为一个利益共同体，采取民主协商的方式解决利益冲突寻求利益最大公约数，尽可能满足各方的合理利益诉求，解决问题更具彻底性，可以赢得相对持久的安定。

合作治理有助于实现提升治理效能目标。合作关系形成的一个重要推动力是多元主体的相对优势的共享，因为没有一种主体具有完全的优势而不存在劣势。通过合作可以取长补短，具体而言，政府可借助企业的专业能力、媒体的传播能力、社会组织的自治能力优势来弥补自身治理能力的短板，改善政府治理失灵的问题；而公众、社会组织也可借助企业的人、财、物资源优势，以及政府的政策资源、公信力优势、信息资源优势来弥补自身的劣势。合作治理"依据共享裁量的原则将公共部门和私营部门的能力整合起来进行精心设计，能够产生出大于各自分别努力能够得到的结果之和"[1]，也即实现"$1+1>2$"的治理目标。合作治理模式在环境群体性事件治理中的实践也证明，当合作治理模式能够得到很好的运用时，其治理效能就比单一主体治理模式和协同治理模式的效能更显著。

三、增进社会信任

信任是合作治理的基础，信任关系的形成经历了一个历史的过程，农业社会是"熟人的社会"，个体的社会关系结构简单、社交活动范围有限，社会交往双方信息比较对称，容易建立和维持彼此间的

---

① ［美］约翰·D. 多纳休、理查德·J. 泽克豪泽著：《合作：激变时代的合作治理》，徐维译，中国政法大学出版社2015年版，第131页。

信任。在"机器大生产"的工业社会，科学技术的进步与经济的快速增长扩大了个体的社会交往空间，个体开始走出单一封闭的社会交往舒适圈，建立新的人际关系和社交网络，"熟人的社会"转变为"陌生人的社会"，信任关系的形成难度加大。后工业社会的人际关系"是一种重归自由的人际关系。这种人际关系促使人们必须以开放的心态面对他人，必须在与他人的交往中共存，如果封闭自己的话，甚至连生存下去的可能性也没有。这样一来，只有人与人的合作才是唯一的出路"①。基于共同问题的解决，人们不得不寻求合作，为了能达成合作，参与合作的各方都竭力想证明自己是可信之人。自由和开放心态的成长改变着人与人之间的信任关系，传统的习俗型信任、契约型信任开始被"合作型信任"所取代。②

信任是社会资本的重要要素，可以促进社会和谐或个人资源获取。③以信任为起点开展的环境群体性事件合作治理，不仅能够促使各主体在涉及共同问题和利益的协商讨论中减少猜忌，以诚相待，彼此包容理解，使问题得以高效解决，而且各主体在共同行动过程中通过相互不断了解，可以进一步增强互信。环境群体性事件的起因之一可能是各利益相关者之间以信息为主的资源不对称引发的信任逐渐弱化。在很多情况下，公众、社会组织、企业组织等参与环境公共决策不易，且同政府部门沟通困难，与双方的互信度不高有关：一方面，政府部门担心参与的主体越多，知道的真相越多，会影响决策效率，增加问题处理的难度，干脆就自己包办代替，不愿提供更多相关信息或吸纳他们参与。另一方面，公众、社会组织、企业组织也对政府部门的公信力持质疑态度，政府部门无论说真话还是假话，做好事还是

---

① 张康之：《在历史的坐标中看信任——论信任的三种历史类型》，《社会科学研究》2005年第1期。
② 参见张康之：《走向合作治理的历史进程》，《湖南社会科学》2006年第4期。
③ 参见［美］罗伯特·D.帕特南著：《使民主运转起来：现代意大利的公民传统》，王列、赖海榕译，江西人民出版社2001年版，第45页。

坏事，都可能会被认为是说假话、做坏事，以致出现"塔西佗陷阱"①。比较典型的事例就是：对于邻避设施安全性的评估，政府部门很难与公众达成共识，公众以"宁信其有"的心态固守自己的认知结论，往往对安全性高的项目仍然坚决抵制。失去互信是环境群体性事件合作治理的致命性障碍。社会信任是善治的润滑剂，信任是合作治理的重要基础，各治理主体只有彼此信任才能够真诚合作。合作会创造出几种可能的"新价值源"，这些"价值源"包括经济收益、规模经济、社会资本、共同语言、信任文化等等。初次合作是诚信的试金石，通过合作检验对方的诚信，决定后续合作的成与否，这就使合作具有培育信任的显著功能。一般合作是如此，而环境群体性事件的合作治理更具这方面的显著功能，环境群体性事件涉及的利益纠纷复杂，相关利益主体类型多样，问题解决的周期较长，因此，通过合作治理能够使各治理主体之间形成并维持一种深层次的相互信任与理解，使持续合作成为可能，持续的合作可以促进诸如正义、宽容、诚实、合法性等社会美德的形成，产生社会示范效应，增进全社会的信任氛围。

四、促进公众参与能力提升

公众参与，不仅是一种理念和意愿，也是一种实践，需要相应的参与能力支撑。公众参与，有广义和狭义之分，广义方面，"就是公民试图影响公共政策和公共生活的一切活动"②。这包括：投票、竞选、公决、请愿、集会、游行、宣传、动员、检举、对话、辩论、协商、游说、听证、上访等等。从狭义来看，主要是指公民通过政治制

---

① 塔西佗陷阱：得名于古罗马时代的历史学家塔西佗。这一概念最初来自塔西佗所著的《塔西佗历史》，后来被中国学者引申成为一种社会现象，指当政府部门或某一组织失去公信力时，无论说真话还是假话，做好事还是坏事，都会被认为是说假话、做坏事。

② 贾西津主编：《中国公民参与：案例与模式》，社会科学文献出版社 2008 年版，代序第1—2 页。

度内的渠道，试图影响政府的活动，特别是与投票相关的一系列行为。① 公众参与从政治选举、影响政府决策的一切行为，发展到公共事务的民主治理。公众参与绝不是单向的行为，而是与其他主体之间双向的沟通过程，通过参与决策过程以发表自己的观点、意见和建议。在社会主体多元化达到一定水平时，公众参与不再是一个继续在以政府为绝对中心的前提下扩大参与主体范围、数量的问题，而是通过打破以政府为中心的主导结构来确立合作治理模式，公众参与的各个要素都将要求质量的提升。在政府单一主体治理模式下，公众参与是有限的，公众难以获取信息等资源，也难以对公共决策产生较大影响。在合作治理模式下，公众参与从重形式参与走向重有效参与，参与更广泛、更充分、更深入，对公共决策的影响更大。

在合作治理中，各参与者都获得学习和锻炼的机会，有助于提升参与能力。而对个体公众而言，更是如此，甚至更为显著。参与合作治理过程的内在价值就在于"参与"构成了公众良善生活的重要组成部分，"那些作为自由、平等公民而经常参与协商的人更有可能形成自主、理性和道德特征"②。在合作治理过程中，公众需要学会尊重、宽容、自律、团结，这有助于促使公民精神及美德得以弘扬。同时，合作并不完全排除竞争，合作中的竞争与非合作模式下的竞争不同，它是在维系合作共同体利益前提下的有限、良性竞争，合作中的竞争有助于合作系统充满活力，有助于各参与者保持危机感，为此，合作中的各参与者为了维护自身利益，只有不断加强学习，丰富自身的知识，才能提升公平竞争的能力。因此，通过合作治理的实践锻炼，公众的参与能力也将随之得以提升。

---

① 参见贾西津主编：《中国公民参与：案例与模式》，社会科学文献出版社 2008 年版，第 3 页。

② ［美］詹姆斯·博曼、威廉·雷吉主编：《协商民主：论理性与政治》，陈家刚等译，中央编译出版社 2006 年版，第 185 页。

第三节　环境群体性事件合作治理模式建构的基本条件

环境群体性事件的治理对合作治理模式具有内在需求，但是合作治理模式的形成和有效运行并非易事，需要具备许多主客观条件，有的条件还需要努力创造和构建。认识和了解环境群体性事件合作治理模式构成的基本条件，是完善这一模式的依据。合作治理模式的构建需要体现该模式的特点并有助于模式功能的实现，这也是确定合作治理模式建构条件的主要依据。合作治理模式构建的基本条件可归纳为如下三个方面：

一、环境群体性事件合作治理主体的平等

合作治理模式的主体本身是多元的，多元主体就涉及地位关系，主体平等是环境群体性事件合作治理的基本条件之一。合作治理不只一个主体，平等意味着各主体虽有各种差异但都能够拥有同等机会参与环境群体性事件的合作治理，在治理过程中拥有同等的权利和义务，可获得权责对等的利益。需要说明的是，在环境群体性事件治理中，主要是对各主体在环境权益和经济利益方面的矛盾纠纷进行化解，这属于民事法律关系。各参与治理的主体，是作为民事主体而不是行政主体看待的。因此，所谓的主体平等，也特指在民事主体方面的地位平等。

（一）合作治理中平等的重要性

为什么要强调合作治理中主体的平等？平等是人的一种感知，平等是民主社会的精神价值反映，平等意味着互相促进合作的可能性。相比于平等，人们对不平等的感知会更加强烈，"在不平等的社会环境和心理体验下，人们会更趋向于高风险的行为，宁愿满足当下而牺牲未来的幸福"①，这种个人倾向会阻碍社会多元主体的公平竞争和精

---

① ［美］基思·佩恩著：《断裂的阶梯：不平等如何影响你的人生》，李大白译，中信出版社 2019 年版，第 68 页。

诚合作。讨论多元主体之间的平等显得尤为重要，多元主体之间平等关系的建立是实现环境群体性事件合作治理的先决条件，在合作治理中建立起平等关系具有重要的意义。

平等是维护社会发展的"稳定器"。从人类历史发展进程来看，对政治平等、经济平等、人格平等的追求未曾停息过。追求平等是推动人类社会发展的一种强大动力，是人类社会自我调整、自我完善的确证。① 在环境群体性事件治理中，需要多元主体参与，在不同主体之间建立起合作关系的一个重要原因，从大的背景看是，一些地方在快速发展经济的驱动下，不重视经济发展与环境保护的关系，甚至坚持"先污染后治理"的发展思路，造成一定区域内的人们要承担经济发展所带来的环境污染问题，而区域外的人们不用负担或负担较少的污染成本就可享受到发展带来的利好，导致以小部分人的成本负担换取大部分人的经济利益。这些利益受损者强烈地感受到环境对健康、经济利益造成的不平等，于是对自身的环境权益和健康权益提出诉求，各种环境信访事件高发，有的还演变为不同抗争程度的环境群体性事件，影响社会的凝聚力、长期繁荣和总体福祉。社会的长期稳定是国家、社会发展的基础，是政府治理的目标，是各类主体能够在社会中生存和发展的基本条件。面对风险社会的高度复杂性和不确定性，实现不同区域不同主体间平等享有优质安全环境目标，对于环境群体性事件的治理极为重要。

平等是多元主体参与合作治理的"助推器"。平等能够最大程度地调动多元主体参与环境公共问题以及环境群体性事件合作治理的积极性，促进多元主体的主动参与，保证治理更为有效。平等与不平等都是在比较之中感受的，参与合作治理的主体天然就有相互比较的冲动。在合作治理中，如果主体感受到了不平等，就难以产生参与治理的动力。当主体的参与变得无用，成为形式化的摆设后，就失去了参

---

① 参见许耀桐：《深化政治学基本理论的研究——读〈平等：人类对理想社会的诉求〉》，《中国图书评论》2006年第11期。

与合作治理的积极性。在环境群体性事件合作治理中，平等意味着所有的参与主体拥有同等的话语权，被剥夺了话语权也就丧失了参与治理的意义。因此，保障参与合作行动的多元主体最基本的平等地位和权利，具有极其重要的意义。

（二）合作治理中平等的表现

合作治理的多元主体间的平等是合作的基础，进一步的问题是怎样才算平等？或者平等有无具体表现？就环境群体性事件的合作治理而言，合作的主体不仅有政府，还有其他多种社会主体。而社会主体是广义的，泛指公民（自然人）、媒体、企业、社会组织、社区等。环境群体性事件合作治理中广泛的主体彼此之间享有平等的权利，并在平等的基础上进行合作，其平等主要表现在身份平等、机会平等方面。

合作治理中主体平等的表现首先是各主体身份的平等。环境群体性事件合作治理的主体身份平等，指不同主体尽管在规模、成立时间、实力、资源、内部构成等方面存在诸多差别，但其在环境群体性事件合作治理中具有相同的身份，都是具有利益相关的平等民事主体。身份平等是平等的基础，是多元主体得以开展共同行动的重要条件，法国政治学家、政治社会学的奠基人托克维尔（Tocqueville）在对美国社会进行研究时坦言："我认为身份平等是一件根本大事，而所有的个别事物则好像是由它产生的，所以我总把它视为我的整个考察的集中点。"① 我们借鉴托克维尔的研究视角，将对身份平等的研究放在首要位置。强调在合作治理行动过程中各主体的身份平等，是有特定适用场景的。在国家政治和行政管理活动中，党委处于全面领导的核心地位，政府组织与企事业单位、社会组织之间存在领导与被领导、管理与被管理的关系，双方在政治与行政关系上不具有平等地位。但是，政府组织、企业、社区居委会、公民等治理主体一旦进入

---

① ［法］托克维尔著：《论美国的民主》（上卷），董果良译，商务印书馆1995年版，第4页。

环境群体性事件合作治理体系中，面对各种利益纠纷问题的合作解决，则成为民事法律关系上的主体角色，是平等的主体。在合作治理过程中，坚持身份平等的理念，意味着多元主体不再以权威自居，不再以获得权威主体的承认为行动目的，不再将自我的存在依附于其他主体，"没有主导和附庸的区别"①。

合作治理中的平等还表现在各主体参与的机会平等。合作治理多元主体参与的机会平等，是指每种相关利益主体都可无条件获得参与合作治理行动的资格，机会不分先后、不受其他人为因素的影响。这就要求清除各种人为的障碍，制止任何主体对参与机会的垄断和特权，使各主体的权利实现具有同等的条件和环境。机会的平等，是共同行动起点的平等，机会平等，是一种形式上的平等，意味着相关法律明确维护了多元主体的参与权，确保相关主体在治理过程中能够寻找到适合自己的角色并开展行动，体现了公平。机会平等不能确保结果平等，由于不同主体的自身内部因素或外在因素都存在较大差异，这些差异影响了主体规模、能力、组织结构等的发展，尽管相关法律保护了相关主体平等的参与机会，但实质上不同主体不一定能有效参与，获得平等的参与结果。在以往参与实践中，往往出现部分媒体被置身事外、一些环保类社会组织发挥的力量微乎其微、社区自治组织参与范围较小、专家话语权缺失等现象。但机会平等体现了公平的理念和原则，仍然具有重要价值。理想的合作治理应该是机会平等与结果平等兼顾均衡，虽然这难以实现，但也要尽力创造条件，缩小机会平等与结果平等之间的差距。美国政治哲学家约翰·罗尔斯（John Bordley Rawls）在其代表作《正义论》中主张一种实质上的平等。②因此，地方政府为实现不同主体参与环境群体性事件合作治理的有效性，不仅应当保障参与的程序正义，还应当给予不同主体资源保障和

---

① 张康之：《论合作治理中行动者的非主体化》，《学术研究》2017年第7期。
② 参见［美］约翰·罗尔斯著：《正义论》，何怀宏等译，中国社会科学出版社1988年版，第47页。

能力支撑，避免治理禀赋较高者对治理禀赋较低者的排斥。

二、环境群体性事件合作治理主体的独立自主

主体平等是独立自主的前提，独立自主是平等的标志。对于合作治理的多元主体，独立自主也与其参与的合法性相关联，影响着合作行动过程中主体的行为方式与对行动策略的选择，决定着多元主体合作行动目标的实现。

（一）合作治理主体独立自主的重要性

合作治理主体的独立自主是主体合法平等参与的前提，是有效合作治理的基础，也是环境群体性事件合作治理的基本要求。多元主体的独立自主问题常常与资源依赖相伴，因获取资源、权力等能力不足而依附于自身之外的主体便失去了独立自主。因此，在合作治理中各主体要保持独立自主性，除了需要受到法律的保护外，还需要相应的实力条件支撑，弱势者与强势者难以平等对话，难以获得自身应有的利益。以参与合作治理的社会组织为例，缺乏资金是社会组织面临的首要难题，[①] 社会组织将政府作为主要的资源求助对象，社会组织"用他人的钱，为别人办事"[②]，逐渐形成对政府的依赖，社会组织也常常不得不放弃自身的自主决策权，难免沦为"附庸"角色，实质上那些隶属于政府的社会组织最容易丧失独立自主参与合作治理的条件。这种从资源的依附到权力的依附使社会组织面临十分尴尬的困境，在合作治理中常被行政权力设置的众多约束机制所困，在实践中不可避免地出现利益诉求被强势主体所"代表"的情况。这也启示我们：要实现真正意义上的合作治理，还需要为那些弱小的社会组织和普通公众创造平等参与的环境和条件。

环境群体性事件合作治理参与主体的独立自主性特点，是与多元协同治理主体的明显区别。合作治理过程中要避免强势主体的"控

---

① 参见俞可平等著：《中国公民社会的制度环境》，北京大学出版社2006年版，第121页。
② 徐大同主编：《现代西方政治思想》，人民出版社2003年版，第12页。

制"或"管控"思维，避免强势主体"代表"其他主体做决策。在控制思维导向下，强势主体在决策过程中不受制衡、不考虑其他主体的利益，容易出现"拍脑袋""瞎指挥"现象。不考虑可能性的"拍脑袋"决策，是完全忽视弱势利益主体诉求的表现，为环境群体性事件的爆发埋下祸根。因此，各主体维护自身的独立自主性，有助于在合作治理中履行自己的职责和权力，敢于发表不同意见，避免决策失误。承认各主体的独立性和自主性并不排斥相互合作，反而可以保障各主体平等参与，有效合作。

（二）合作治理主体独立自主的表现

独立性是指个体依靠自身力量，不依赖于他人自行处理事务的能力。具体到社会领域，可以理解为：主体在生存、发展的基本条件方面（尤其是在所谓的合法性层面）主要依靠自身资源，较少借助外部的资源。在环境群体性事件合作治理中，主体的独立性表现为：各主体能够凭借合作治理的参与主体这一合法性身份，依靠自身的资源参与合作治理，并在整个合作治理过程中发挥不可替代的作用。在观察和认识协同治理的主体行为时发现，弱势主体的行为会受到多种因素的制约，不得不对其他强势主体产生资源依赖，从而丧失独立意志。以环境类社会组织为例，他们会向政府定向索求合法性、资金等资源，同样政府可以选择将其作为公共服务的承接对象，因此政府和环境类社会组织处于一种资源互动且不能拆分的非对称性共生关系中。① 环境类社会组织在这种资源依赖关系中，进一步强化了政府主体在环境群体性事件治理中的主导地位。久而久之，社会组织的力量将会越来越弱小，处于社会治理结构的边缘地位。"只要人还有着某种依赖与之相伴随，就意味着人尚未真正获得独立性。"② 同样，可以认为，在环境群体性事件合作治理中，各主体之间如果存在某种资源依赖关

---

① 参见徐顽强：《资源依赖视域下政府与慈善组织关系研究》，《华中师范大学学报》（人文社会科学版）2012 年第 3 期。

② 张康之：《论合作治理中行动者的独立性》，《学术月刊》2017 年第 7 期。

系，就意味着有关主体不具有独立性，这种治理就不是真正意义上的合作治理，也许称为协同治理更切实际。合作治理主体的独立性还表现为，主体之间的相互尊重，互不干涉。环境群体性事件合作治理的各主体应该都是相互独立、各自平等的，独立性不仅体现在组织自身特性上，还表现在对其他主体独立性的尊重上。由于不同主体成立的时间长短、规模大小、财力资源等的不同，他们所表现出来的治理能力等不是完全相同的，因此，其独立程度也不相同。在合作治理中多元主体之间都应该学会相互承认彼此的独立性，不依附于其他组织的同时也不强迫其他组织服从自己。

主体的自主性是指行为主体能按自己意愿行事的动机、能力或特性。自主性与独立性有相关性，独立性侧重不从属、不依附之意，自主性侧重自由、主动、责任之意。没有独立性则难有自主性，常常合称"独立自主"。主体的自主性，意味着主体可按照自己的目标行事，行事目标设定以及治理过程中的决策都是自行确定的，自主性表现在两个方面：一方面，各主体在自身组织内部可以自主决定事项；另一方面，在合作治理中，各主体参与共同决策时可以自主表达意见和诉求，不屈从于任何一方的压力。特别值得指出的是：强调各主体的自主性，并非排斥合作治理系统整体的统一性，如果在合作治理系统中，各主体都强调自身的自主性，各行其是，势必造成各自为政的分离局面。在合作治理系统中，各主体保持自主性，既要有独立自主的话语权，不受其他主体的制约和压制，同时又要以维护系统的统一性为前提，以共同的目标、利益和议事规则为基础。

三、环境群体性事件合作治理主体间的信任

环境群体性事件的合作治理作为一种集体共同行动，主体之间的相互信任极为重要。从某种程度上讲，没有信任就没有合作。对于环境问题，基于不同的教育背景、思维观念、价值判断和需求偏好，不同的群体会产生不同的环境问题认知，环境问题的认知影响人们对环

境风险的判断，风险敏感人群将会迅速察觉并展开相应行动，从而可能产生一些矛盾冲突。真正有助于从深层次化解矛盾和冲突进而建构稳定的社会秩序的基本条件在于夯实信任根基。

（一）合作治理中信任的重要性

信任在社会学、心理学、管理学、经济学等领域历来都是研究的热点。学者们从不同学科角度提出各自对信任的看法。波兰社会学家彼得·什托姆普卡（Piotr Sztompka）指出："没有信任，现有的生活就不可能存在。在全球化的环境下，信任成为一个亟待研究的重要问题。"① 很多学者很早便开始探究信任与合作的关系，开创信任理论先河的美国心理学家多伊奇（Deutsch）认为，信任是个体对于事件发生后不会伤害自己的一种预期，只有当双方互相信任时才会产生合作行为，互相不信任将会导致竞争。② 张康之认为，信任是合作的前提和基础，合作又反过来促进信任。③

环境群体性事件特别是邻避类环境群体性事件的发生与平息，一般有一个共同路径：公众风险感知—公众抵制—有关方面宣传解释—公众质疑并继续抵制—项目停建或迁址—冲突事件平息。在这一博弈过程中，可能公众不相信项目真正安全可靠，也不相信政府或项目建设单位的安全防控措施科学有效；而政府或项目建设单位也可能不相信公众有理性认知风险的能力，甚至抱怨公众难以沟通、无大局意识。如果各主体之间缺乏基本的信任，就难以开展对话协商、有效沟通，合作就无法形成，从而影响治理的有效性，甚至使治理陷入困境。因此，在合作治理主体之间建立信任关系势在必行，信任能够增强合作治理行动者的凝聚力。一直以来，环境群体性事件治理存在的

---

① ［波兰］彼得·什托姆普卡著：《信任：一种社会学理论》，程胜利译，中华书局2005年版，第73页。

② Morton Deutsch, "Trust and Suspicion", *Journal of Conflict Resolution*, Vol. 2, No. 4 (December 1958), pp. 265 –279.

③ 参见张康之：《论信任、合作以及合作制组织》，《人文杂志》2008年第2期。

困境，实际上是双重信任缺失的叠加效应造成的。双重信任指政府信任和社会信任，政府信任是指公众对政府的信任及其程度，是公众在期望与认知之间对政府的一种心理和评价态度；社会信任即群体之间、个人之间的信任关系。① 双重信任的缺失带来的是碎片化的、充满猜疑的社会，没有信任的社会只会加剧社会不同主体之间的隔阂、猜疑，使合作遥遥无期，即便能建立起合作关系，这种关系也是极为脆弱的。

不可否认，环境群体性事件合作治理的行动者具有较大的异质性，可以冒险接受合作者之间不高的初始信任感，但在后续的合作治理过程中，随着合作者之间建立起信任的纽带逐步牢固，合作者之间的凝聚力将会提高。同时，合作能够促进不同参与者之间的信任，在合作治理中填补政府信任和社会信任的缺口。信任对合作行动有足够的支持度，信任支撑合作行动，合作行动需要包容不同行动主体的差异，信任鼓励人们以宽容的态度接受差异，以一种没有威胁的方式看待差异和不同，增强个体和群体的联系，实现合作、互助和融合。而不信任会唤起防御性态度、敌对的刻板印象以及流言和偏见，妨碍社会的安定团结和发展进步以及文化的交流共享。信任能以社会资本运作的方式，使环境群体性事件治理的各主体之间产生安全感和确定感，减少彼此之间的沟通互动成本，降低相互之间的猜疑、恐惧和不信任感，催生合作意愿和达成合作共识，自觉调整自己的预期，为合作行动打下坚实的基础。以信任为纽带建立起来的环境群体性事件的合作治理模式，是在一定规则和道德基础上基于共同利益目标而建立起来的平等合作，协调合作者之间的利益关系，防范彼此之间可能的伤害行为发生，并减少可能出现的搭便车行为。在环境群体性事件合作治理过程中信任度越高，合作者之间协调和整合的可能性就越大，

---

① 参见张书维、许志国、徐岩：《社会公正与政治信任：民众对政府的合作行为机制》，《心理科学进展》2014 年第 4 期。

多元主体间"民主的成分越多，就意味着对权威的监督越多，信任越多"①。

（二）合作治理中信任的表现

环境群体性事件合作治理是多元主体为共同目标建构治理关系的过程，这种关系的纽带是信任。信任是一种相信的信念，在环境群体性事件合作治理中，不同的利益主体通过相互认识、相互理解消除彼此之间的不信任障碍，从而建立起高度的信任感，并开展自觉自愿的合作行动。

合作治理中的信任表现为对共同行动主体能力的信任。合作治理主体能力是主体能够参与合作治理并最终实现有效治理的综合素质。由于各主体在参与合作治理之前的综合素质是不同的，因此在合作治理环境群体性事件的过程中，显示出的综合能力是不同的。例如：政府可提供的资源丰富，专家专业能力较强，媒体组织擅长建构和传播议题，社会组织联系志愿者较广泛，社区动员组织居民参与有优势。随着社会民主实践经验的历练、民主制度的优化、教育水平的提高，现代社会中个体公众的素质有所提高。多元主体以不同的素质和能力进入合作治理，即便在合作的开始，各主体之间对各自能力的初始信任感不高，也会在持续的合作行动中通过了解以增强和加深信任，信任感的不断加深可以促进主体间的良好互动并增强善意的合作行为。值得说明的是：参与合作治理的主体能力未必都需要相等，事实上也不可能相等，但各主体的能力差异，正好能够体现出自身在合作治理系统中的有用性甚至不可替代性；各主体能力的互补性，正好体现了合作治理的必要性和整体优势。

合作治理中的信任还表现为对各主体的特质如品质、声誉、行为表现等的认可，是主体之间情感联系的表现。主体的品质一般侧重指道德品质，是信任的重要来源，在合作治理中具有独特的作用，将在

---

① ［美］马克·E. 沃伦著：《民主与信任》，吴辉译，华夏出版社2004年版，序言。

下面第四部分具体阐释。声誉是对一个人的过去行为和信用历史的记录，可靠性、专业性和权威性都是声誉的重要内容。① 声誉是一种现有的社会评价，参与合作治理的主体一旦拥有良好的声誉，就成为参与合作的资本，也能在初始的合作中首先得到认可。组织机构也存在声誉，如果一个组织有清楚的、长久的、一致的信用记录，人们就愿意信任它。不论对于个人或组织机构，赢得信任是一个艰苦而漫长的过程，即使拥有良好的声誉，也只属于过去，声誉还是一件精致的"易碎品"，具有可变性。拥有声誉，还需在新的合作治理中不断巩固和发展，以赢得可靠持久的信任。

四、环境群体性事件合作治理的法律和道德

环境群体性事件的治理，从源头的环境问题治理到事发后的应急处置，各环节中的问题解决都需要在法律规则和道德规范的双重约束下完成，法律和道德确立了对合作治理主体的权责要求。法律和道德具有不同的功能和适用对象，在合作治理中相辅相成，缺一不可。

（一）合作治理中法律和道德约束的重要性

在工业社会中，人们对物质利益的追求达到热衷甚至疯狂的程度，"任何一种利益追求，只要是合乎法律规定的，就被视作是正当的，至于个人道德损益可以不在考虑之列了"②。环境群体性事件的发生与环境的现实和潜在污染不无关系，一些人为的环境污染很大程度上与市场主体尤其是企业违背法律和道德的生产活动相关，也与有的地方政府的监管失职相关。随着社会对环境品质的重视，人们对环境保护、共生共在、自身道德等的关注将逐渐超越对物质利益的追求，对这些因素的关注也是多元主体合作治理的基础，是在合作治理中的自我约束。

---

① 参见辛自强、高芳芳、张梅：《人际—群际信任的差异：测量与影响因素》，《上海师范大学学报》（哲学社会科学版）2013 年第 1 期。
② 张康之：《论社会治理中的法律与道德》，《行政科学论坛》2014 年第 3 期。

　　法律为多元主体的共同行动作出最低限度的保障。法律对个人、组织的行动具有强约束功能，"每个人都平等地受普遍法律的约束，而不是受个人命令或暴民规则的支配"①。环境群体性事件合作治理中的法治要求，既有自身的内在需要，也与依法治国的大背景分不开。我国坚持推进依法治国的基本方略，在 2012 年首都各界纪念现行宪法公布施行 30 周年大会上，习近平总书记指出："法治是治国理政的基本方式，要更重视发挥法治在国家治理和社会管理中的重要作用。"② 在我国应急管理体系建设中以"一案三制"为重点内容，"三制"之一就是法制。环境群体性事件的治理同样需要依法应急、依法治理，特别是合作治理模式，涉及多种主体的权责关系，涉及个体利益、企业利益和公共利益的协调，这些都需要法制手段的介入。此外，在合作治理中，各主体以平等的地位，通过民主协商，而不是行政权力的干预来化解矛盾，解决共同面临的问题，这种问题的解决机制意味着各主体必须也只能以法律为依据和根本遵循。在法律面前，政府组织、企业、社会组织和公民都是平等主体，这完全符合合作治理的基本理念和行为准则，法律成为合作治理模式得以运行的根本性保障。

　　道德与法律相辅相成，"法律是成文的道德，道德是内心的法律"③，在我国，"依法治国"与"以德治国"相联系。法律带来最低限度的保障的同时意味着法律具有普遍的适应性，在特定环境下具有一定的调整空间。在后工业时代，社会的高度不确定性和复杂性突显时，法律难以无所不能，在法律不及的领域需要道德的补充。合作治理模式本身具有很强的自组织机制，各主体需要相互尊重包容，诚实守信，这便给各主体提出了很高的道德素养要求。只有刚性的法律约束与柔性的道德自律有机结合，才能确保合作治理

---

① ［英］杰弗里·马歇尔著：《宪法理论》，刘刚译，法律出版社 2006 年版，第 160 页。

② 习近平：《在首都各界纪念现行宪法公布施行 30 周年大会上的讲话》，《人民日报》2012 年 12 月 5 日。

③ 《习近平谈治国理政》第一卷，外文出版社 2018 年版，第 55 页。

目标的实现。

（二）合作治理的法律和道德的表现

在环境群体性事件合作治理模式建立的基本条件中，以法律和道德为主的规则约束体系是其中之一，这个规则约束体系兼具法律的强制性和道德自律的柔性。在环境群体性事件合作治理中，多元主体合作关系的建立，是在承认和接受现代社会必然是一个风险社会的前提下，以加强沟通、协商与互动来共同预测风险、化解风险，并共同承担各自能力范畴之内的风险责任。由于合作治理涉及的主体比较多，且主体之间的合作关系复杂，因此，环境群体性事件合作治理的规则体系，并不是面面俱到和具有高度控制性，而是一种更加包容、开放、并能在遵循法治原则的基础上承载更多可能性的规则体系。这样的规则体系，仅要求在必要时使用法律进行干预，更多时候则是通过各主体的道德自律来实现共同治理。

法律在合作治理中表现出从外到内的约束。多元主体在合作治理中需要遵循的最高权威就是具有至上性的法律规则。法律对多元主体行为具有保障和约束的作用，充分保障各主体之间建立的合作关系和谐稳定，保障各主体拥有组织的独立自主特性，能够维系主体力量的动态平衡。法律规则对每一个参与合作治理的主体都是平等的，这种认识逐渐将法律内化为参与者内心遵循的准则。

道德在合作治理中表现出从内而外的约束。多元主体开展合作治理时被默认是具有道德的，"当具有道德能力的公共管理者去处理公共事务时，就要求他拥有道德思维，即从道德的立场而不是纯技术的立场去分析、思考及处理公共事务"[①]。这意味着合作治理的展开基于多元主体自身的道德，多元主体拥有对道德的认知才会产生内化的道德约束，在道德约束下，合作治理主体的责任感、正义感指导共同行动以实现一种良好的公共秩序。各主体在合作治理中都要有充分的话

---

① 王锋：《合作治理中的道德能力》，《学海》2017 年第 1 期。

语权，秉持道德底线开展充分沟通与协商，不得发生欺瞒、蒙骗等不道德行为，最终形成的结果是具有道德特点的"契约"，并指导多元主体的行为。合作治理主体的道德约束应该是自身从内生发的，并不依赖于国家强力的动员，更不是自上而下灌输的道德要求，而是深植于社会历史文化背景、发自于主体内心的道德感。

第四节　环境群体性事件合作治理模式的 主体结构

主体结构是环境群体性事件合作治理模式的重要内容之一。在我国，环境群体性事件合作治理的主体主要由政府、企业、媒体、社会组织、公众构成。这些主体具有各自不同的特点和优势，政府处于不可忽视的位置，拥有公共权力和资源，组织协调能力强；企业在人、财、物供给方面具有自身优势；媒体被称作"第四种权力部门"[①]，拥有设置相关社会议题和舆论引导能力；环境类社会组织在提供服务、反映诉求、规范行为方面具有优势；"面广量大的公众看似没有政治权力、缺乏专业技术，但在特定情境下，'散沙状'公众通过自组织或将拥有'最强大'的力量"[②]。正是这些功能、作用各异的不同主体参与合作治理，才形成了显著的综合优势。

一、合作治理中的政府

在我国，政府组织包括中央政府和各级地方政府及其相关职能部门，环境群体性事件合作治理的政府主体，主要针对各级地方政府及其职能部门。政府作为公共组织承担重要的公共管理和服务职能，公共利益的最大化是政府必须且首要考虑的要素。不可否认的是，地方

---

① ［美］汉密尔顿、杰伊、麦迪逊著：《联邦党人文集》，程逢如、在汉、舒逊译，商务印书馆2006年版，第47页。

② 张乐、童星：《环境冲突治理中的结构固化与功能障碍》，《学术界》2019年第5期。

政府拥有较大的行政权力，但同时也面临完成不少指标考核的压力，作为一种特殊组织，地方政府也存在实现地方利益或部门利益的原始追求。行政治理体系的设置和治理能力的建设始终围绕着政府职能的转变来进行，地方政府的环境保护职能和社会治理职能不断得到补充和强化。后工业社会高度复杂性和不确定的增长对既有政府模式及其治理体系带来的冲击，使得政府在治理能力和服务动机上的问题日益凸显出来。[①] 以往在环境群体性事件治理中，当地方政府与公众、社会组织之间出现矛盾冲突时，有的地方政府将自身置于领导者、管理者的权威位置，以管控的行政方式处理矛盾冲突，加剧了冲突升级的可能性。这就要求地方政府重新思考治理动机和方式，在治理方式的变革进程中，善于选择合作治理模式。地方政府是环境群体性事件合作治理中不可缺少的参与者、引导者、协调者，长久以来积累了解决群体性事件的经验，在群众中有较高的治理权威，如果能够积极回应群众的利益诉求，那么就容易将矛盾冲突行为转变为良性的合作行为。

二、合作治理中的企业

企业是合作治理中的市场主体，是环境公共决策的参与者、"环保政策落地的实施者和环境污染处置的第一责任者，也是环境风险和环境冲突的潜在制造者和主要责任人"[②]，企业的所有活动围绕着提升自身经济效益进行。许多环境群体性事件的导火索是环境污染危害问题，环境污染问题需要进行源头治理，治理环境污染问题的源头在于企业参与。环境群体性事件治理中的相关企业可分为三类：造成环境污染或邻避设施建设运营的企业；受到环境污染或邻避设施影响的同行企业；受到环境污染或邻避设施的负外部效应影响的企业。这三类企业的立场和诉求不同导致参与环境群体性事件治理过程中的行动也

---

① 参见［美］莱斯特·M. 萨拉蒙著：《政府工具：新治理指南》，肖娜等译，北京大学出版社 2016 年版，第 76 页。

② 张乐、童星：《环境冲突治理中的结构固化与功能障碍》，《学术界》2019 年第 5 期。

不同。[1] 第一类企业倾向于掩盖污染事实或想尽各种办法降低邻避设施的安全风险，在合作治理中常常被其他主体督促主动公开信息；第二类企业与第一类企业存在同行竞争的关系，合作的目的基于改善产业结构，提升竞争力；第三类企业要求被补偿，在合作中要兼顾到对这类企业的补偿。

总体上看，企业是环境污染或邻避设施风险的主要责任主体，也是产业结构调整、技术创新的主体，只有企业参与合作治理才能使加强环境保护更具可行性。对使用清洁生产技术的企业进行保护和鼓励，如政府可给予更多政策支持，与企业签订合作协议，促使企业承诺减少污染物排放；公众应该选购不会或较少污染环境的产品，"自发抵制那些在生产或使用过程中对环境造成危害的产品"[2]，促使企业生产更多绿色产品；新闻媒体应该大力宣传清洁生产企业，并潜移默化培养公众的环保消费模式。环境问题主要来自于企业，如果没有企业的参与，合作治理就徒有形式，环境群体性事件的预防与处置几乎不可能。

三、合作治理中的公众

在各种环境群体性事件中，公众常常是作为环境利益受损方出现的，公众参与的意义毋庸置疑。加强公众参与可以培育公共精神，增进公众的利益集结和表达，改善地方治理，进而增强公众对政府的信任感。[3] 1969 年，美国公众参与理论的先驱者谢里·安斯坦（Sherry R. Arnstein）在《市民参与的阶梯》一文中提出公众参与阶梯理论，该理论根据公众参与类型模式将公众参与分成 3 个阶段（无公众参

---

① 参见王佃利、王铮：《城市治理中邻避问题的公共价值失灵》，《社会科学文摘》2018年第 8 期。

② 肖建华、邓集文：《多中心合作治理：环境公共管理的发展方向》，《林业经济问题》2007 年第 1 期。

③ 参见［美］罗伯特·D. 帕特南著：《使民主运转起来：现代意大利的公民传统》，王列、赖海榕译，江西人民出版社 2001 年版，第 98 页。

与、公众表面参与、公众权利表达）、8 个阶梯，按公众参与的程度，8 个阶梯分别为操纵、引导、告知、咨询、劝解、合作、授权、公众控制，其中操纵、引导属于无公众参与阶段，告知、咨询、劝解属于象征主义参与阶段，合作、授权、公众控制属于公众权利表达阶段。[①]按照公众参与阶梯理论，环境群体性事件合作治理中的公众参与属于公众权利表达阶段，是具有实质意义上的公众参与。随着公众受教育程度的不断提高以及对环境和健康权益的关注，他们会极大关注影响生活环境品质及身体健康的污染因素，会主动参与环境议题决策。例如，2009 年 6 月，东莞南城石竹新花园小区 2000 名业主签名反对在小区附近修建变电站，业主反映，"环评"单位在编制报告时没有公众参与调查环节，程序不合法，怀疑"环评"报告内容造假。[②] 环境群体性事件的多发，促进了地方政府对公众参与的重视，公众的有效参与有助于预防和处置环境群体性事件。合作治理的效果从根本上看是由公众来检验和认可的，如果公众参与缺位，合作治理就徒有虚名。

公众参与环境维权意识和能力的提高，有助于推动环境问题治理走向深入。公众参与权利的实现，来自两个方面的保障条件：首先，相关法规赋予了公众参与的基本权利。例如，《规划环境影响评价条例》[③]第十三条规定："规划编制机关对可能造成不良环境影响并直接涉及公众环境权益的专项规划，应当在规划草案报送审批前，采取调查问卷、座谈会、论证会、听证会等形式，公开征求有关单位、专家和公众对环境影响报告书的意见。"其次，信息技术的发展为公众参与提供了技术保障。以互联网为代表的现代信息技术为公众参与提供了更便捷、更广

[①] Sherry R. Arnstein，"A Ladder of Citizen Participation"，*Journal of the American Planning Association*，Vol. 30，No. 4（March 2019），pp. 24 – 34.

[②] 参见欧雅琴：《石竹新花园变电站环评报告公布》，《南方日报》2009 年 9 月 3 日。

[③] 《规划环境影响评价条例》，2009 年 9 月 30 日，见 http：//www.china – eia.com/ghhp/ghhpgl/202007/t20200706_ 787705. shtml。

泛的参与方式，网络新媒体促进信息交换和协同合作，大量信息能够高效传播，社会舆论得以更快形成，增强对公众参与的动员能力，同时降低公众参与的成本。在环境群体性事件合作治理中，公众参与应该是全过程和全方位的参与。从环境保护政策、环境规划的制定到"环评"和"稳评"，都需要公众及时充分参与，避免事后补救性地参与。

四、合作治理中的媒体

政府、企业、公众一般是环境群体性事件治理中的三大利益博弈主体，媒体虽然不是环境污染问题的直接受害者，本身没有直接的环境利益诉求，但是采访和报道是媒体的基本权利和责任，负面的突发事件，往往具有很高的新闻价值，很容易引起媒体的关注和兴趣，现实情况表明，不少环境群体性事件的首次公开，以及由此产生的舆情，都与大众传播媒介有关。同时，大众媒体被视为社会公器，在信息公开、议题设置和舆论引导方面扮演着独特的角色。美国社会学家查尔斯·蒂利（Charles Tilly）指出："社会运动刚刚兴起时，印刷媒体如报纸、杂志等就在运动中扮演者重要角色，其主要作用是传播消息，包括报道运动的经过、结果、并且对这些行动给予评论。"[1] 在现代信息技术迅速发展的背景下，人们认识到"要想环境问题得到很好的扩散、解决必须受到媒体的关注"[2]，在人人都是自媒体的时代，公众倾向通过论坛、微博、微信、抖音等社交平台传播信息，表达自己的诉求。由公众意见形成的"公众话语"和主要由政府形成的"官方话语"之间存在的差距，可以通过媒体进行消除和弥合，媒体成为"联结政府和公众的中间环节，起到传达上情、联系下情的枢纽作用"[3]。

---

① ［美］查尔斯·蒂利著：《社会运动，1768—2004》，胡位钧译，上海世纪出版集团2009年版，第116页。

② ［加］约翰·汉尼根著：《环境社会学》（第二版），洪大用等译，中国人民大学出版社2009年版，第83页。

③ 杨至聪、邓涛：《媒体与政府在危机传播中的合作》，《采写编》2005年第2期。

大量环境群体性事件的发生、发展态势证明，成也媒体，败也媒体。善待媒体、善用媒体、善管媒体，已经成为环境群体性事件合作治理中必须重视的问题。

媒体参与合作治理具有可行性。环境群体性事件主要通过媒体进行报道，媒体不仅在获取环境群体性事件发展动态方面具有很大优势，而且在公共危机舆情引导方面也起到关键作用。媒体的报道有助于环境群体性事件治理透明化，使环境群体性事件治理过程得到监督。真实地反映环境群体性事件发展动态，是信息公开化的表现形式，有助于提升治理主体的公信力。一方面，媒体应该履行社会责任，以报道的真实性和时效性为出发点，保持客观公正的态度，为环境群体性事件的治理营造良好的社会舆论氛围，防止"失实"、偏差报道引发次生危机。另一方面，有关部门也需要为媒体报道提供及时周到的服务，维护媒体的合法权益，避免干扰甚至阻碍媒体的合法采访和报道。相关主体要与媒体形成一种密切的合作关系，建立起一种既能保证信息公开透明，又能与媒体共担责任的良性互动格局。厦门"PX"项目事件的处置较好地展现了媒体在环境群体性事件治理中化解风险的作用。媒体应该具有前瞻性，在环境事件早期就能发现披露存在的风险，满足公众的环境知情需求。媒体的前期预警也有助于防范谣言四起，消除公众的猜疑，增强公众安全感与确定感。

五、合作治理中的社会组织

社会组织种类多，具有各自的特点和优势，是环境群体性事件合作治理中一支不可忽视的依靠力量。环境合作治理中的社会组织，主要是指环保组织，"环保组织是环保理念的倡导者、宣传者和环保行为的践行者，经常以'国家—市场—社会'之间的协调者和中间人的角色开展行动。"[①] 但在以往的环境群体性事件治理中，环保组织常常

---

① 　王佃利、王铮：《城市治理中邻避问题的公共价值失灵》，《社会科学文摘》2018 年第 8 期。

处于治理体系结构的边缘，从生态环境类社会组织的数量便可观一二。民政部发布的《2017 年社会服务发展统计公报》显示，截至2017 年底，全国共有生态环境类社会团体 6000 个。此外还存在大量不具有法人资格的环保类"草根组织"，具体数量无法统计。就整体而言，中国社会组织特别是环境类社会组织参与环境治理仍处于初期阶段，所能发挥的作用空间还相当大。

党的十九大报告指出："完善党委领导、政府负责、社会协同、公众参与、法治保障的社会治理体制，提高社会治理社会化、法治化、智能化、专业化水平。"① 党的十九大报告中先后五次提到社会组织，将其作为社会治理的重要力量，以及解决新时代社会矛盾纠纷的补充力量。这同样包含了对环保类社会组织的要求，在多元化社会治理格局中，环保类社会组织被赋予了重要使命。环保类社会组织的广泛性、基层性、草根性、中介性、非营利性特点，使其在环境群体性事件治理中具有独特的优势，可以大大弥补体制内正式组织的短板，环保类社会组织参与环境群体性事件的合作治理不仅必要而且完全可能。

---

① 习近平：《决胜全面建成小康社会 夺取新时代中国特色社会主义伟大胜利》，2017 年10 月 27 日，见 http：//www. xinhuanet. com/2017 – 10/27/c_ 1121867529. htm。

第六章　我国环境群体性事件合作治理模式的实现机制

虽然合作治理模式是环境群体性事件治理的一种有效模式，但是，合作治理模式不能自行建构，也不可能自动运行，正如上章所指出的那样，还需要相应的构建条件，包括主体地位平等、主体自由自主、主体互信、法律道德手段并用。明确了这些条件，只是从理论上认识到了其必要性和应然性，而如何保障这些条件成为现实并有效发挥作用，还需要进一步确立和完善其实现机制。可见，合作治理模式的实现机制，其实就是合作治理模式构建条件的实现机制。因此，对合作治理模式的实现机制研究，是对合作治理模式构建条件的深化研究。

第一节　完善合作治理的主体权责界定机制

环境群体性事件合作治理首先需要多元主体参与，在我国，多元主体的构成，除党委、政府、人大、政协等组织外，还包括企事业组织、社会组织、群团组织、群众自治性组织、社会公众、媒体等；其次，这些多元主体在合作治理中还需要做到权利、义务上的权责匹配对等，以保障各主体能够公平自主地表达自身诉求，实现其合理利益。因此，如何根据合作治理的目标任务，结合各主体的特点、优势以及诉求，科学合理界定各主体的权责，形成各主体权责明晰、合理配置、高效运转的合作治理机制，成为合作治理模式实现机制中的首要机制。科学界定各主体的权责是基础，实现各主体权责的合理匹配是重点和难点。下面就如何界定党委领导下的政府、企业、媒体、社会组织、公众五大重要主体的权责进行分析。

一、政府在环境群体性事件合作治理中的权责

政府组织是环境群体性事件治理中的重要主体之一，就政府的治理角色分工而言，张乐、童星认为："政府的理想型角色是生态文明建设的主导者、产业和环境政策的制定与执行者以及国际合作的参与者。"[1] 在我国，政府主体既包括中央政府，也包括各级地方政府，虽然政府的层级不同，但按照职责同构原则，上下级政府的职责范围基本相似，只是权责大小存在差异。就环境群体性合作治理中的政府而言，主要是指地方政府，其在环境群体性事件合作治理中应当承担如下基本权责：

（一）做坚持走绿色发展道路的引导者和推动者

环境群体性事件究其根本原因是由于环境问题损害了公众的基本权益，而环境问题归根结底是经济发展方式的问题。强化"绿水青山就是金山银山"的理念，大力推进绿色发展是治理环境群体性事件的治本之策。加快绿色发展，深入实施可持续发展战略是环境污染问题源头治理理念的体现和要求。加强污染防治和生态建设，持续改善环境质量，是政府需要承担的主要职责。首先，推动产业结构转型升级。加快淘汰污染严重、能源消耗大的落后产能，推动传统行业转型升级和大力发展绿色环保产业，探索如共享经济、平台经济、众包经济等新型服务模式，加快实现经济结构向以服务经济为主的转变。其次，促进生产方式绿色转型。通过产学研用等多种方式加强绿色技术研发和成果转化，推动企业全面节约和高效利用资源，优化能源结构，加快可再生能源和新能源对传统石化能源的逐步替代。再次，促

---

[1] 张乐、童星：《环境冲突治理中的结构固化与功能障碍》，《学术界》2019年第5期。

进生活消费绿色转型。弘扬绿色环保价值观，提高民众绿色生活意识，增加绿色产品和服务供给，通过完善绿色产品推广政策，引导民众选择资源节约、环境友好的产品和服务，鼓励绿色出行。

（二）制定和落实生态环保政策制度

政府主体既要促进地方经济快速发展，又要保障生态环境质量和人民群众享有优质环境权益。作为公权力的代表，政府不仅有能力更有责任制定和落实生态环境保护相关政策制度，为多元主体参与生态环境保护提供行动准则，并发挥示范带头作用。首先，完善对政府环保责任的监督检查制度。以往在政府的绩效考核指标体系中，GDP指标占较大份额，环保指标所占比例较小，导致有的地方政府片面追求经济增长，为了 GDP 的增长甚至不惜以牺牲环境为代价。因此，有必要完善地方政府绩效考核制度，调高环境保护成效在政府绩效考核体系中的比重，调动地方政府保护生态环境的积极性与主动性。同时，对在落实生态环境保护责任中不履职、不当履职、违法履职、未尽责履职而导致严重生态后果和恶劣影响的责任人进行责任追究。[①] 其次，完善政府对企业落实环境保护责任的监管制度。对重污染企业加强监管，落实排污企业的生态环境保护主体责任。建立环境保护责任终身追究制度，健全生态环境损害赔偿制度，完善排污许可制度，完善企业环境信用评价制度等制度措施。再次，完善政府培育支持环保类社会组织的政策。完善对环保类社会组织的扶持政策，加大政府购买环保类社会组织服务的力度，通过项目资助、购买服务等多种方式，提升环保类社会组织参与生态环境保护的能力。

（三）协调建立各主体间的合作治理机制

以上两方面是从源头和宏观上明确政府组织的权责，一旦环境群体性事件发生，政府组织还需履行应急处置中的其他权责。虽然合作

---

① 参见和夏冰：《建立健全监察体制　落实环保监督职责》，《中国环境报》2017 年 09 月 21 日。

治理模式强调各参与主体平等自主地进行合作，但是由于政府在资源、权力、能力等方面具有其他主体无法比拟的优势，因此，在合作治理水平还不高的情况下，政府组织仍是环境污染、环境群体性事件合作治理中的关键主体，在引导、协调各主体实现合作治理方面应该承担更多责任，这与所谓的主体地位平等并不矛盾。首先，协调建立相关制度规则以保障各主体有平等参与的权利。平等参与是合作治理的基础，但在缺乏制度规则保障的情况下，多元主体难以实现平等参与，这需要政府主体扮演召集者的角色，引导各主体议定制度规则，以保障各主体都能平等参与，避免弱势主体的利益受损。其次，协调搭建各主体诉求表达的平台和渠道。包括组织召开由政府、企业、公众、社会组织、专家等各方代表参与的相关论证会、意见征询会，以民主协商的形式，使各方表达利益诉求。特别要注重利用现代互联网技术，建立网上参与协商平台，使各主体可以随时随地便捷地参与意见表达。再次，协调建立合作治理的监督制约机制，防止强势方对弱势方的利益剥夺。在各主体之间资源、能力悬殊的情况下，政府组织应该更多承担维护弱势方权益的责任，平衡好各方利益，同时负责对各主体非理性行为的监督制约，保证协商或谈判在平等、合法、有序的框架下进行。

政府主体作为公共组织，具有代表公共利益的特殊责任，要利用自身的优势为实现合作治理创造良好的条件，在合作治理中发挥引导、组织和协调作用。如果政府主体本身就是某一环境问题的直接利益相关者时，政府主体在合作治理中就具有双重身份，这对政府主体恪守公共利益责任提出更高要求，在利益矛盾不可调和的特殊情况下，可能还需要同级其他国家机构或上一级政府组织参与。总之，在合作治理中，政府主体既要履职到位，又不能缺位、越位。

二、企业在环境群体性事件合作治理中的权责

企业是环境群体性事件合作治理的重要主体之一，通常有两种不

同的参与角色：其一，企业自身是环境群体性事件的直接引发者、涉事者。企业因为不当的生产经营行为或建设安全敏感项目引发环境群体性事件，企业不仅要参与环境群体性突发事件的治理，而且还负有不可推卸的第一责任，这种情况更为常见。其二，企业是利益受损者角色。企业与环境污染问题或群体性事件的发生没有直接责任关系，企业符合法定要求的建设项目遭受公众抵制，或企业也受到其他环境污染的影响，在这种情况下，企业仍然应该积极参与环境群体性事件的合作治理。① 一般而言，企业在环境群体性事件合作治理中应当承担如下基本权责：

（一）从源头预防环境群体性事件发生

现实情况表明，企业的生产事故或非法排污，企业建设的环境安全敏感项目，成为不少环境群体性事件发生的直接原因，因此，企业负有做好环境问题源头预防治理的更大责任。一方面，企业要做环境污染防治和环境保护的积极执行者。企业必须高度重视安全生产，防止生产事故造成环境污染。同时要严格遵守环境保护法规制度，坚决杜绝非法排污和超标排污行为。从根本上讲，企业要引进先进生产技术，加快绿色技术运用，淘汰落后产能，实现生产方式的绿色转型。另一方面，企业要依法依规建设环境安全敏感项目。首先，在项目建设前，应严格开展项目的环境影响评价。通过深入调查、风险监测和评价，围绕项目的选址、项目对周围环境的安全影响以及应采取的防范措施等撰写提交项目环境影响报告书，在报告书未得到主管部门的审查批准之前不得启动项目建设。在项目通过主管部门批准后，还要同步推进环境污染防治设施与项目主体工程施工建设，保障二者同时投入使用。其次，在环境项目建成后的日常生产过程中，实施严格的安全管控制度，加强设施设备的日常维修和检查，避免发生污染事故。

---

① 参见刘智勇主编：《我国公共危机管理理论与实践新探索》，四川人民出版社 2015 年版，第 19 页。

（二）积极参与环境群体性事件应急处置工作

源头治理有助于减少和延缓环境群体性事件的发生，但不可能完全杜绝，环境群体性事件一旦发生，就进入应急处置工作阶段。如果企业生产发生污染甚至设备发生爆炸事故，或者企业的环境项目建设引发公众抵制，企业必须履行第一主体责任，全程、全方位开展应急处置工作。一是在第一时间启动应急预案，及时处置环境事故污染和抢险救援，或者立即暂停项目施工，防止事态升级；二是正面回应公众质疑，及时充分公开环境信息，科学引导舆论，防止谣言滋生传播；三是积极主动与相关各方沟通，消除误解和分歧，增进互信和共识，达成解决矛盾冲突和利益诉求问题的方案。如果事态严重，超出企业自身能力和权限，企业在先期应对的同时还需及时报告上级主管部门和当地党委、政府部门，建立企业与地方党委、政府和其他组织的应急联动协同机制，企业要根据应急领导指挥机构的安排承担相关任务，最大限度配合相关部门参与突发事件处置工作，不能躲在幕后，袖手旁观。

（三）协助做好环境群体性事件善后工作

环境群体性事件应急管理工作一般要经过事前预防、事发处置和善后三个阶段。企业发生污染事故或发生设施爆炸等严重安全事故后，不仅会对环境造成不同程度的污染危害，还可能造成人员伤亡、财产损失。如果污染和安全事故引发了群体性事件，一旦失控还可能发生打砸抢烧等严重违法行为。污染或安全事故的处置以及群体性事件的平息，并不意味着整个应急管理工作的结束，还有大量善后工作需要继续完成。这包括事故和群体性事件原因调查、财产和经济损失评估、保险理赔、责任认定和追究、伤亡者抚恤和家属慰问、污染环境的修复等等。在这些善后工作中，责任企业都必须主动配合有关部门开展相关工作，承担相应责任。善后工作处理不当，将可能使已经平息的事件再次复发，甚至爆发更严重的事件。

三、媒体在环境群体性事件合作治理中的权责

媒体是环境群体性事件治理中的重要而特殊的主体之一，在西方，媒体被认为是第四种权力，是社会的公器。在我国，媒体被誉为党和人民的喉舌，在宣传党和国家的方针政策，引导社会舆论，聚合社会力量方面具有重要的作用。这里所谓的媒体，不仅指大众媒体，还包括互联网时代出现的各种新媒体。环境污染问题和环境群体性事件的发生，媒体未必是责任者，但媒体拥有的特殊功能和优势，决定了媒体是环境群体性事件合作治理不可或缺的参与者。《中华人民共和国环境保护法》（下简称《环境保护法》）① 第九条规定："新闻媒体应当开展环境保护法律法规和环境保护知识的宣传，对环境违法行为进行舆论监督。"大量正反案例表明，媒体的立场、报道是否客观公正，对环境群体性事件的发生发展以及处置效果具有重要的影响，可谓"成也媒体，败也媒体"。因此，与媒体建立良性互动关系极为必要。一方面，地方党委和政府，要善待媒体、善管媒体、善用媒体；另一方面，媒体尤其是新闻媒体，更要加强自律，认真履行自身的社会责任，坚持客观公正的报道原则，在环境群体性事件合作治理中发挥积极作用。具体讲，媒体应该承担如下基本权责：

（一）助力环境信息公开透明

在环境群体性事件合作治理的全过程中，快速充分公开信息具有极其重要的作用。媒体特别是官方新闻媒体，具有较强的传播力、影响力、公信力，应该充分发挥其他参与主体不具备的这些优势，助力环境信息的公开透明。首先，依法、及时、全面地发布和报道环境群体性事件的真实情况，帮助公众了解事件发生的背景、原因以及动态，帮助公众正确认知环境安全风险，科学识别和消除谣言，稳定社

---

① 参见《中华人民共和国环境保护法》，2014 年 4 月 25 日，见 http：//www. gov. cn/zhengce/2014 -04/25/content_ 2666434. htm。本章本法律条文引用均来源于此，引文不再逐条标注。

会秩序。其次，及时向党委和政府部门反映公众或社会各方的意见、建议，为应急决策提供可靠的社会信息，使应急决策更加精准有效，促使事件快速平息，早日恢复社会秩序。再次，及时将地方党政部门和有关方面对环境问题、环境群体性事件的态度、看法以及所采取的措施传递给社会，增强社会对党和政府的信任，凝聚社会共识，形成有效处置环境群体性事件的良好社会氛围。

（二）引导形成正确的社会舆论

环境群体性事件发生前后，常常谣言四起，舆情升温，如果对舆情回应不力将会失去事件最佳的处置时机，造成严重的社会后果。现实中有的地方政府建有新媒体，主要包括微博、微信公众号、短视频平台等，由此形成了传统媒体和新媒体，官方媒体和民间媒体共存的格局，新旧媒体之间、官民媒体之间相互影响，使舆情发展更趋复杂化，为舆论引导带来严峻挑战。因此，媒体特别是官方主流媒体要做好三方面的工作：一是要担当起社会舆论引导的主要责任，站稳政治立场，提高辨别政治是非的能力，避免发出杂音，为舆情发展推波助澜；二是要大力宣传党和国家的方针政策，敢于批评错误言论，及时发布权威信息，积极回应社会关切；三是要善于设置公共议题，抢占舆论高地，赢得话语主导权。

（三）开展环境舆论监督

舆论监督本身就是媒体的社会职责之一，也是媒体监督的优势。环境污染问题、环境项目安全问题，以及环境群体性事件发生后各方的处置依据、处置程序和处置措施，都离不开舆论监督，监督既是保障群体性突发事件依法依规处置的条件又是实施问责的基础。① 通过媒体的舆论监督，有助于确保环境问题的治理、环境群体性事件的处置依法依规，确保各方利益得到维护。尤其是在新媒体兴起后，要发挥新媒体特殊的监督优势，通过新旧媒体的合作监督，实现舆论监督

---

① 参见王栋、郭丹、徐承英：《当前中国公民社会发展困境与反思》，《中共四川省委党校学报》2011年第3期。

全天候、全过程、全方位，不留死角。首先，立足于源头监督。要监督地方政府的环境规划、环境保护政策和环境项目建设，促进政府科学民主决策，依法行政。此外要监督企业的生产经营过程、企业执行环境保护法规和政策的行为；通过源头监督，预防和减少环境群体性事件发生。其次，对环境群体性事件处置过程开展监督，全面监督政府部门、企业或项目建设单位是否积极采取有力处置措施，环境信息是否透明，环境污染问题是否损害公众权益；通过全面有力的监督，推进环境群体性事件治理在法制轨道上进行。

（四）参与环境科普宣传教育活动

媒体作为广泛传播信息和知识的重要公共平台，理应肩负起对公众的环境科普宣传教育之责任。环境科普宣传教育，是预防和处置环境群体性事件的特有手段。环境群体性事件是公众因担心环境污染和环境项目的安全风险对环境质量和身体健康的危害所采取的集体维权行动。公众基本的科学知识缺乏，安全风险判断能力不强，成为邻避类环境群体性事件发生的重要因素，因此，加强对公众开展环境科学知识的宣传教育十分必要。媒体应该利用自身的优势和资源，开展多形式、全方位的环境科普宣传教育活动，包括邀请环境相关专业机构和专业人士参与访谈或讲座，开设专门的栏目和专题节目，播放环境公益广告，组织环境科普知识竞赛，用生动活泼的形式、通俗易懂的内容，向社会大众宣传和普及相关环境科学知识，破除伪科学谣言，提高公众环境安全风险认知能力和水平。

四、社会组织在环境群体性事件合作治理中的权责

社会组织尤其是"以环保社会团体、环保基金会和环保社会服务机构为主体组成的环保社会组织，是我国生态文明建设和绿色发展的重要力量"①，也是环境群体性事件治理中的一支重要社会力量。环保

---

① 《关于加强对环保社会组织引导发展和规范管理的指导意见》，2017 年 3 月 24 日，见
　http：//www.mca.gov.cn/article/xw/tzgg/201703/20170315003852.shtml。

社会组织具有的中介性、自主性、面向基层、覆盖范围广等特点，在实现政府与社会之间的协调沟通、维护社会稳定方面发挥着缓冲器和调节器的作用，① 可以弥补政府部门的某些功能和力量不足。各类社会组织都可以发挥自身的不同作用，就环保社会组织而言，重点应该在环境群体性事件合作治理中承担如下基本权责：

（一）开展环境维权公益诉讼

环保社会组织大多以参与改善和保护生态环境为己任，是推动我国环境保护事业发展与进步的重要力量。《环境保护法》第五十八条对环境公益民事诉讼的主体资格作出明确规定："依法在设区的市级以上人民政府民政部门登记"和"专门从事环境保护公益活动连续五年以上且无违法记录"的社会组织，对污染环境、破坏生态，损害社会公共利益的行为可以向人民法院提起诉讼，还要求"提起诉讼的社会组织不得通过诉讼牟取经济利益"。通过司法渠道维护环境权益，相较于公民个人提起环境公益诉讼，环保社会组织更具有专业性，拥有广泛的社会资源，更加适合作为环境公益诉讼提起者，通过环境公益诉讼维护公众的环境权益。

（二）提供环境法律援助服务

不少环境群体性事件是因为公众环境利益受损，个体通过正常渠道维权困难，从而采取集体式的非理性维权所引发的。大多数环境污染的受害者缺乏相关法律知识，不知道如何通过法律途径维护自身权益，或者不善于利用法律武器维护自身权益。因此，环保社会组织可以通过成立环境法律援助中心，在平时大力开展环境普法宣传活动，提高公众的环保意识、法律意识、维权意识，在环境事件或环境群体性事件发生后为公众提供免费法律援助服务，帮助公众通过法律途径维护自身的合法环境权益，避免非理性、过激的维权行为出现。

---

① 参见张勤、钱洁：《促进社会组织参与公共危机治理的路径探析》，《中国行政管理》2010 年第 6 期。

（三）监督政府部门和企事业单位的环境保护行为

环保社会组织是环保监督的重要参与者，有权对地方政府、企事业单位等机构实施广泛的环境监督，并向其上级机关或者监察机关举报，促进地方政府履行环保职能，规范企事业单位的生产经营行为。环保社会组织的民间性使其具有广泛的民意基础和问题线索，能收集大量有关地方政府和企事业单位的环境保护绩效信息和公众满意度信息。环保社会组织的中立性还使其能以超然的立场监督地方政府和企事业单位履行环境保护职责，对他们提出建议、批评意见，督促其履行各自的环保责任。具体包括地方政府的环境保护承诺是否兑现，环保措施是否可行，环保责任是否切实履行；企事业单位的生产经营行为是否违法，污染物排放是否达到法定标准，生产过程是否节能减排等。

五、公众在环境群体性事件合作治理中的权责

公众，泛指一般民众，就环境群体性事件治理中的公众而言，一般有两种类型：一是直接利益相关者，指那些直接受到环境污染影响的公众，他们首先是维权者，常常是环境群体性事件的直接发起者；二是无直接利益相关者，指那些未受到环境污染影响的公众，他们中有的人因为对现行有关政策或自身处境有怨言和不满情绪，想借机发泄，也成为环境群体性事件的参与者。直接利益相关者是环境群体性事件合作治理的重点参与对象。公众在环境群体性事件合作治理中应当承担如下基本权责：

（一）树立环境利益的理性维权观念

公众是环境污染问题不良影响的直接承受者，相关法律法规和行政文件也为公众维护自身合法权益提供了依据，但公众如何维护自身的合法权益考验其素养和能力。大量案例表明，公众采用非理性的维权方式成为环境群体性事件爆发的催化剂。非理性维权的出现，一方面有公众正常维权渠道不畅的原因，另一方面也与公众的法律意识不强有关。非理性的维权只会激化矛盾，加剧解决问题的复杂程度，甚至无助于问题

的解决。因此，公众必须树立理性依法维权观念。首先，公众应该具有法律意识。公众要尊重法律，敬畏法律，树立法治思维，除了利用信访渠道外，对于涉讼环境问题，要善于利用法律武器维护自身的合法权益，坚决避免使用过激的手段，甚至暴力手段维权，特别要消除"大闹大解决，不闹不解决"的错误维权思维。其次，公众应该提升法律素养。公众仅有法律意识还不够，还应该通过各种渠道和形式，学习法律知识，了解环境领域的主要法律法规，了解自身的权利和义务，熟悉运用法律维权的途径、程序、手段和方式，提升依法维权能力。

（二）全过程参与环境群体性事件合作治理

公众参与环境群体性事件全过程治理，从广义来看，包括参与源头上的环境公共决策，以及参与环境群体性事件应急管理两大基本阶段。在以往环境公共决策中存在两方面的问题：一方面是有的地方政府和企事业单位没有为公众提供有效参与的条件；另一方面也有部分公众参与不积极、不主动的问题，甚至对一些环境公共问题漠不关心。公众应该充分利用现行法律法规赋予的各种权利，积极主动参与环境群体性事件全过程合作治理，充分建言献策，表达自身的利益诉求。《环境影响评价公众参与办法》①第三条规定："国家鼓励公众参与环境影响评价"；第五条规定："建设单位应当依法听取环境影响评价范围内的公民、法人和其他组织的意见，鼓励建设单位听取环境影响评价范围之外的公民、法人和其他组织的意见。"这为公众的知情权、参与权、表达权和监督权提供了制度保障。公众参与重大项目的环境影响评估有利于增强公共决策的科学性和民主性，使项目建设充分保障公众的生命安全和身体健康等基础权益，真正从根源上杜绝环境群体性事件的发生。此外，公众还可以通过参与重大项目社会稳定风险评估，以及环境保护政策制定、环境治理规划决策，使各种环境

---

① 《环境影响评价公众参与办法》，2018 年 7 月 16 日，见 http：//www. mee. gov. cn/gkml/sthjbgw/sthjbl/201808/t20180803_ 447662. htm。本章本办法条文引用均来源于此，引文不再逐条标注。

风险问题得以及早发现，避免环境群体性事件的发生。在环境群体性事件发生后，公众还要积极主动配合有关方面参与突发事件的处置，以主人翁的姿态自觉维护社会秩序，主动制止那些打砸抢烧的非法行为，为快速平息环境群体性突发事件尽责。在环境群体性事件平息后，公众还要积极参与善后相关工作，包括参与环境事件调查、部分群众的思想教育转化、制度政策修订完善等工作。

（三）监督政府部门和企事业单位的环境履职行为

公众是环境污染问题的直接感知者，也可能是直接的受害者，有权利和义务主动监督地方政府和企事业单位的环境保护履职行为，包括监督政府部门是否履行了其环境保护的职能，是否实现了环境保护的具体指标；监督企事业单位是否落实各项绿色生产经营和环境保护规定，是否存在非法排污危害环境的行为。公众一旦发现政府部门或企事业单位有不当的环境行为就必须履行监督职责。首先，向上级相关政府部门及时报告反映问题，表达诉求，维护自身权益。对于政府部门和企事业单位在环境保护方面的不作为、乱作为问题，公众还可以通过信访、电话、民主评议会、网上意见箱等各种渠道提出批评、建议、举报。其次，通过新闻媒体进行监督。公民作为个体相较于拥有公权力的政府部门或强势的企事业单位来说，威慑力小，有时候对政府部门和企事业单位的监督不能得到有效的回应。对此，公众可以借助新闻媒体的力量，利用社会舆论曝光政府部门和企事业单位的问题，用舆论压力促使问题得到及时回应和解决。

第二节　完善环境信息公开透明机制

2008 年 5 月 1 日起施行的《环境信息公开办法（试行）》① 规定，

---

① 《环境信息公开办法（试行）》，2007 年 4 月 11 日，见 http：//www. mee. gov. cn/gkml/zj/jl/200910/t20091022_171845. htm。本章本试行办法条文引用均来源于此，引文不再逐条标注。

环境信息，包括政府环境信息和企业环境信息。政府环境信息，"是指环保部门在履行环境保护职责中制作或者获取的，以一定形式记录、保存的信息"；企业环境信息，"是指企业以一定形式记录、保存的，与企业经营活动产生的环境影响和企业环境行为有关的信息"。《环境保护法》第五十三条规定："公民、法人和其他组织依法享有获取环境信息、参与和监督环境保护的权利。"环境信息知情权是公民、法人和其他社会组织行使环境表达权、参与权、监督权的前提，其基础性地位决定了环境信息公开透明在环境群体性事件合作治理中的重要地位，必须建立完善的环境信息公开透明机制。

一、坚持环境信息公开的原则

环境信息公开是原则，不公开是例外。环境信息如何公开，必须有基本原则可遵循。英国危机公关专家里杰斯特对于危机信息公开提出了著名的"3T 原则"，因有三个关键点，每个点以"T"开头，所以称之为"3T 原则"，即以我为主提供情况、尽快提供情况、提供全部情况。根据国内以往环境信息公开中存在的问题以及现实需要，环境信息的公开必须坚持及时性、真实性、全面性的基本原则。

（一）坚持及时性原则

环境信息公开的责任主体主要是地方政府、企事业单位、项目建设单位，常态下的环境信息何时公开，可按有关法律法规要求执行，但突发环境事件或环境群体性事件的信息公开，属于危机信息公开，对信息公开的时效性要求高，要注重及时性原则，越早越好，在第一时间公开。这有两方面的原因：一是因为环境信息具有时效性，如果不能及时向社会公开，滞后发布的环境信息可能已经与实际的环境情况不相符，会误导社会公众对真实环境情况的认知。二是因为环境问题或突发环境事件刚发生时，社会公众迫切希望知道问题或事件的真相和严重程度，如果未在第一时间公开信息，谣言、虚假信息就有可乘之机，社会公众一旦被谣言和虚假信息蛊惑，极易引发环境群体性事件。环境信息公开得越早，越有利于消解人们的恐慌情绪。环境信息公开迟缓，消解负面影响的成本增大，将处处陷入被动局面。及时公开原则，要求地方政府、企事业单位、项目建设单位转变观念，充分认识到在互联网时代，试图掩盖问题、封锁信息已经不可能，与其最后被动公开，不如尽早主动公开。何为"及时"，存在模糊性，在实施中还需要制定具体的细则，如《北京市 2017 年政务公开工作要点》①要求，特别重大、重大突发事件最迟 5 小时内发布权威信息，24 小时内举行新闻发布会。这就比较具体，便于操作。为了能够第一时间快速公开信息，不必等待所有问题和原因全部调查清楚或有了定论后才公开，可以分次适时持续公开。

（二）坚持真实性原则

真实性是信息的生命力，无论在常态还是在危机状态下，信息公开都必须坚持真实性原则。地方政府、企事业单位、项目建设单位在公开环境信息时一定要保证真实可靠。常态下公开真实环境信息，如环境治理的法规政策、环境发展规划、环境项目建设进展等方面的信息，不会有什么困难和障碍。但如果发生突发环境事件，要求公开环境污染的原因、危害或损失方面的真实信息时，有关方面往往顾虑重重，保持沉默，或者敷衍应对，出现信息失真情况。这有主客观原因：一是受条件限制，突发事件发生后没有充足的时间全面了解情况，公开的信息难免有误；二是出于地方和单位利益的考虑，有意掩盖事实真相，甚至弄虚作假；三是以所谓"善意"的谎言来掩盖事实真相。有关方面担心公布真实的危机信息，会使公众产生恐慌，引发社会混乱，为了所谓的"维稳"需要不惜以"谎言"相告。但是往往事与愿违，"谎言"一旦被识破，不仅使公众对真实信息产生怀疑，而且还会引发他们的不满情绪。其实，公众的恐慌常常来自于不知情和真假难辨的信息干扰，而不是事件本身的严重与否。例如，2005 年

---

① 参见北京市人民政府关于印发《北京市 2017 年政务公开工作要点》的通知，2017 年 5 月 10 日，见 http：//www. gov. cn/zhuanti/2017 - 05/10/content_ 5192442. htm#2。

11 月 13 日，中石油吉化公司双苯厂车间发生爆炸事故，造成松花江水体污染，进而污染哈尔滨市的自来水源。11 月 21 日中午，哈尔滨市政府发布公告称因市政供水管网检修全市停水 4 天，停水原因受到市民质疑，一时间有关"水污染"和"地震"的传言四起，引发市民抢购食品和瓶装矿泉水，还有不少市民纷纷逃离该市。面对出现的混乱局面，22 日凌晨，市政府发出第二份公告，承认上游化工厂爆炸导致松花江水污染。为了方便居民储水，市政府在同日又发公告提醒。针对一件事，两天发布三份市政府公告，这在哈尔滨史无前例。市民心里有了底，慌乱局面很快缓和下来。① 市政府前后两种不同的处置态度和方式启示我们："善意"的谎言不可取，不仅无济于事，还会后患无穷。只有向群众说实话，相信群众，依靠群众，才能万众一心，共渡难关。因此，在环境危机状态下，发布不真实信息对政府、企事业单位、项目建设单位的公信力有极大伤害，将使突发环境事件或环境群体性事件的处置变得更加复杂。总之，有关方面必须态度坦诚，敢于正视自身的问题，客观公布真实信息，并采取积极的补救措施，以消除公众的误解猜测，赢得观众的谅解和支持。

（三）坚持全面性原则

在环境群体性事件治理的全过程中，信息公开的全面性原则，要求兼顾各阶段、各方面的多种信息，避免信息内容的单一性和片面性。然而在现实中，有的地方政府、企事业单位、项目建设单位，从自身的利益出发，为了"家丑"不外扬，有时故意回避或淡化一些重要信息。例如，对公众特别关切期待的真相问题、对自身的工作过失问题往往轻描淡写、避重就轻；在涉及一些环境项目的安全敏感问题时，对安全可靠性讲得多而具体，对风险和危害避而不谈或语焉不详。如果公开的环境信息缺乏全面性，信息量不充足，就难以对环境问题或环境群体性事件作出客观正确的认识，出现以偏概全，既影响

---

① 参见新华社"新华视点"记者：《哈尔滨市政府应对水危机的经验和教训给人启示》，2005 年 11 月 28 日，见 http：//www. gov. cn/yjgl/2005 – 11/28/content_ 111595. htm。

公众的知情权，也影响突发事件的有效处置。因此，环境信息公开，必须坚持全面性原则，除法规要求不公开的信息外，必须尽可能全部公开，查明多少、知道多少，就公布多少，不打折扣，最大限度保证信息透明。

二、明确环境信息公开的主体和内容

做好环境信息公开，需要明确公开的主体及公开的内容。从理论上讲，凡与环境问题或环境群体性事件相关的组织机构都是信息公开的主体，在我国，主要是政府部门、企事业单位或项目建设单位，他们掌握的环境信息最为丰富全面，是环境信息公开的主要责任主体。从制度制定来看，由谁公开、公开什么，现行相关法律法规和规范性文件也有规定，尚需解决的问题是如何更好落实，如何提高执行力的问题。就政府部门和企事业单位而言，因其职能和权限不同，环境信息公开内容也有差异。

（一）政府环境信息公开的内容

政府环境信息公开，主要是指由各级政府环境保护主管部门及有关环境保护监管部门公开其产生或掌握的相关环境信息。《环境保护法》第五十三条规定："各级人民政府环境保护主管部门和其他负有环境保护监督管理职责的部门，应当依法公开环境信息、完善公众参与程序，为公民、法人和其他组织参与和监督环境保护提供便利。"由于不同层级政府管辖区域和职权大小的不同，各级人民政府的环境信息公开内容也有所差异，各有侧重，表现出明显的区域性特点。例如，《环境保护法》第五十四条规定："国务院环境保护主管部门统一发布国家环境质量、重点污染源监测信息及其他重大环境信息。省级以上人民政府环境保护主管部门定期发布环境状况公报。县级以上人民政府环境保护主管部门和其他负有环境保护监督管理职责的部门，应当依法公开环境质量、环境监测、突发环境事件以及环境行政许可、行政处罚、排污费的征收和使用情况等信息。县级以上地方人民政府环境保护主管部门和其他负有环境保护监督管理职责的部门，应当将企业事业单位和其他生产经营者的环境违法信息记入社会诚信档案，及时向社会公布违法者名单。"可见，地方政府公开的环境信息比较宏观，以监管和政策性信息为主。

（二）企事业单位环境信息公开的内容

企事业单位环境信息公开，是指企事业单位公开其在生产经营和管理服务过程中形成的与环境有关的信息。在企事业单位中，企业是多数环境污染危害问题、环境群体性事件发生的责任方，尤其是那些高污染风险企业、安全敏感项目建设单位，其环境信息是否公开，是否及时如实公开，对突发环境事件或环境群体性事件的发生及其处置影响更大。企事业单位、项目建设单位主动如实向社会公开环境信息，是其基本责任和义务，也是法律制度的要求。例如，《环境保护法》作为一部综合性法律，第五十五条规定："重点排污单位应当如实向社会公开其主要污染物的名称、排放方式、排放浓度和总量、超标排放情况，以及防治污染设施的建设和运行情况，接受社会监督。"《企业事业单位环境信息公开办法》①，作为一部针对企事业单位环境信息公开的部门规章，其规定更为全面具体，第九条要求重点排污单位向社会公开六类信息，包括基础信息、排污信息、防治污染设施的建设和运行情况、建设项目环境影响评价及其他环境保护行政许可情况、突发环境事件应急预案、其他应当公开的环境信息。企事业单位公开的环境信息，属于其内部产生的信息，只有如实向社会公开，才能保障公众的知情权，也有助于政府部门实施监督。

三、拓展环境信息公开的渠道

环境信息公开渠道是对信息发布传播的载体、方式和途径的总

---

① 《企业事业单位环境信息公开办法》，2014 年 12 月 19 日，见 http：//www.mee.gov.cn/gkml/hbb/bl/201412/t20141224_293393.htm。本章本公开办法条文引用均来源于此，引文不再逐条标注。

称。环境信息公开渠道是否丰富，渠道选择是否恰当，直接影响环境信息的公开效果。不同渠道的受众不同，影响力也不同，单一化的信息公开渠道难以使环境信息广泛传达到公民、法人和其他组织。政府部门公开环境信息主要通过公报渠道，如《环境保护法》第五十四条规定："省级以上人民政府环境保护主管部门定期发布环境状况公报。"而企事业单位环境信息公开渠道更多元化，如《企业事业单位环境信息公开办法》第十条专门规定："重点排污单位应当通过其网站、企业事业单位环境信息公开平台或者当地报刊等便于公众知晓的方式公开环境信息"，并提出五种公开方式。概而言之，环境信息公开渠道可以分为传统媒介渠道、互联网渠道以及组织群众现场参观渠道。应当拓展和综合运用信息公开渠道，发挥综合优势，以扩大信息覆盖面。

（一）传统媒介渠道

环境信息的传统媒介公开渠道主要有政府公报，广播、电视新闻媒体，新闻发布会等，这些渠道是政府部门、企事业单位常用的信息公开渠道，具有较高的权威性和广泛的受众。尽管各种新的公开渠道已不断出现，但传统媒介渠道也是不可取代的，还需要继续完善，发挥更大作用。政府公报是政府组织公开发布环境保护的法律、法规、规章以及环境保护规划、环境政策方面信息的一种基本载体形式，政府公报具有正式性、权威性特点，但受众面较窄；广播、电视等新闻媒体，具有传播范围广、速度快、易获取特点，可以向社会及时广泛公开环境信息；新闻发布会是一种主题明确、互动性强的信息公开渠道，当重大环境政策出台或重大环境事件发生时，有关方面应该及时举办新闻发布会，并继续通过媒体在更大范围将会议信息传递给社会。

（二）互联网渠道

随着信息技术的发展，互联网已经成为新的信息公开渠道，在环境信息公开方面比传统媒体更具优势。地方政府、企事业单位以通过自办的门户网站直接公开环境信息，实时更新，快速反馈。此外，还可通过政务微博、政务微信公众平台、官方微博和微信公众号等新媒体平台，电子屏幕、电子触摸屏等设施，更加便捷地发布环境信息，实现更快捷、更精准、更自由灵活的信息发布与互动，促进环境信息的双向沟通。

（三）现场参观考察渠道

以上两种渠道形式的局限是间接性，缺乏现场感和真实感，为此，地方政府、企事业单位或项目建设单位，还可采取对外开放形式，邀请特定公众实地参观考察，这种集看、听和交流于一体的"多媒体"信息公开渠道，效果更为明显。例如，一些地方发生抵制垃圾焚烧厂、"PX"项目后，当地政府部门和项目建设单位组织人大代表、政协委员和居民代表到企业或项目建设现场参观考察，消除了公众对安全的疑虑和恐惧，收到了较好的效果。组织公众现场参观考察，对于政府部门而言，可由环保主管部门举行公众开放日活动，邀请对环境问题关心的公众参加，向他们面对面地宣传讲解地方政府的环保政策、环保规划、当地环境保护情况、重点环境项目建设程序等相关内容，及时解答公众疑问，回应公众的环保诉求，听取现场公众的有效建议。对于企业尤其是那些高污染风险企业，以及在建或已运行的邻避设施所属单位，更需要做好向公众开放的工作。除常态化的平时开放活动外，企业在面临环境安全风险质疑时，要及时主动邀请公众到企业参观交流，企业周边居民、环境信访人员等与环境问题密切相关的人员是重点邀请群体，要向他们公开企业生产情况、环保设施运行情况、污染物处理工艺及达标排放情况、污染物在线监控数据实时公开情况、企业污染事故应急预案等，同时组织企业负责人、技术人员与他们座谈沟通，现场解答他们提出的问题和合理诉求，公开企业环境问题整改和污染治理计划或方案，主动接受社会监督。

四、完善环境信息公开的监督机制

《环境保护法》《环境信息公开办法（试行)》《企业事业单位环

境信息公开办法》等法律和规范性文件明确要求政府部门、企事业单位公开环境信息，并接受社会的监督，这为环境信息公开提供了充分的法律制度依据。但是在执行过程中，执行力度与相关法律制度要求仍有差距，上有政策下有对策，有限公开现象突出。究其原因，对环境信息公开的监管不力是一个重要因素，因此，完善环境信息公开监督机制势在必行。

（一）完善对政府环境信息公开的监督机制

政府本身具有公开环境信息的责任，政府作为公权力的代表，应该为环境信息公开起到示范作用，理应成为被监督的重点。对政府环境信息公开的监督包括内外两种监督形式。

政府环境信息公开的内部监督，是指政府系统内部自上而下或同级部门的监督，监督的主体包括上级政府及其环境保护主管部门、上级纪检监察部门，以及同级纪检监察部门、环境保护主管部门，监督的主要形式包括工作指导、工作报告、工作督促、审查、检查、调查、批评、建议等。由于政府内部监督是伴随行政执法检查活动进行的，能够及时发现行政违法违规行为，以便迅速作出调整、纠正和问责。但由于内部监督缺乏独立性和中立性，监督的效力难以有效保障。

政府环境信息公开的外部监督，是指政府系统之外的其他主体对政府环境信息公开行为的监督，外部监督更具有公平性、独立性，对政府环境信息公开起着至关重要的促进作用。外部监督的主体及形式主要有三种：一是权力机关的监督，即人大及其常委会对同级政府的监督；二是司法机关的监督，即人民检察院和人民法院对同级政府的监督；三是社会舆论的监督，即大众媒体与社会公众对政府的监督。这三种监督类型各有其侧重点和优势，共同构成外部主体对政府监督的强大合力，是对政府内部监督的一种有益补充。

（二）完善对企事业单位环境信息公开的监督机制

企事业单位拥有较丰富的环境信息，是除政府之外的环境信息公开的重要主体。可以对企事业单位环境信息公开进行监督的主体很多，包括人大、政府、新闻媒体和公众等。完善对企事业单位环境信息公开的监督机制是保障公众依法享有环境信息、参与和监督环境保护权利的实际需要。《企业事业单位环境信息公开办法》第二条规定："环境保护部负责指导、监督全国企业事业单位环境信息公开工作。""县级以上环境保护主管部门负责指导、监督本行政区域内的企业事业单位环境信息公开工作。"第四条规定："环境保护主管部门应当建立健全指导、监督企业事业单位环境信息公开工作制度。"但是这些规定比较宏观笼统，在实际执行中常常出现监督不力、监督程序混乱、监督不及时甚至监督缺失的问题。因此，应明确规定政府环境保护主管部门对企事业单位环境信息公开监督管理享有的职权、方式、法定程序，特别是调查取证、立案处罚程序以及未履行监管职责应承担的法律责任。① 要进一步优化监督的实施细则，加快推动政府环境保护主管部门对企事业单位环境信息公开监管的常态化、制度化建设，确保监督工作真正落到实处。

此外，还要切实将企事业单位环境信息公开状况纳入企事业单位环境信用评价制度。《企业事业单位环境信息公开办法》第五条规定："环境保护主管部门应当根据企业事业单位公开的环境信息及政府部门环境监管信息，建立企业事业单位环境行为信用评价制度。"企事业单位环境信用评价，是环保主管部门根据环境政策、法规，全面评估企事业单位的环境守法和环境保护表现，并向社会公布其环境信用状况。企事业单位是否主动公开环境信息是环境信用评价的重要参考因素，全面、客观地公开环境信息，是评定"环保诚信单位"的加分项。因此，环境信用评价制度的建立，可以倒逼企事业单位主动公开环境信息，从而能起到对企事业单位环境信息公开的监督作用。要对环保信用不良的企事业单位实施惩戒性措施，向社会公开其环保失信行为；对环保信用良好的企事业单位实施金融、税收等领域的优惠政策。

---

① 参见何育妍：《突发性环境污染事件中企业环境信息公开制度探讨》，《新余学院学报》2017 年第 2 期。

第三节　完善环境利益诉求表达与回应机制

环境群体性事件发生的一个重要原因是，环境利益诉求表达渠道不畅或者利益诉求表达后未得到及时、满意的回应，致使环境矛盾纠纷问题不断积累。环境利益诉求表达是利益受损方提出利益要求，回应是责任方对此作出的反应，从回应的态度来看，包括积极与消极两种；从回应的结果来看，包括接受与否决两种。利益诉求的表达与回应是一组双向关系，任何一方面出现问题，都会影响双方的有效沟通，使矛盾纠纷升级。完善环境利益诉求表达与回应机制，有助于将环境群体性事件化解在萌芽状态，对于环境群体性事件具有积极的预防作用。利益诉求表达与回应中的问题，从现实情况看，相对突出的问题是回应方面的问题。

一、完善环境利益诉求的表达机制

环境利益诉求表达机制是使公众的环境利益诉求得以及时输出、传递的制度安排，类似于供需关系中的"需求侧"。环境利益的诉求者主要是指受到环境污染危害或环境项目安全威胁的普通居民、法人、社会组织等。随着公民权利意识的觉醒，一般不存在公民利益诉求表达的愿望和动机不足的问题，因而要解决的关键问题是如何提升公众表达能力和改善表达条件的问题。

（一）教育引导公众理性表达环境利益诉求

公众有权表达自身的环境利益诉求，但是应该依法理性表达，如果公众还不能依法理性表达时，政府部门负有教育引导的责任。从大部分环境群体性事件来看，公众非理性表达诉求比较普遍，这除了正常表达渠道少甚至受阻不通外，还有两方面的原因：一是公众自身的素养包括法律素养不高。他们缺乏法律意识和法治思维，不善于使用法律手段维护自身的合法权益，因此，政府部门应该通过大众媒体、互联网等多种媒介，以培训、会议、公益广告等多种方式开展普法宣传教育，使法律

225

进社区、进家庭，入脑入心，培养遵纪守法的好公民；同时还要向公众宣讲维权的程序、渠道和方式，指导他们依法维权。二是政府部门的维稳方式出现偏差。有的政府部门在维稳的压力下，为了确保不出"事"，面对各种矛盾冲突，要么采取强硬的控制手段，要么无原则妥协，后者助长了一些人的错误维权认知，他们坚信"不闹不解决、小闹小解决、大闹大解决"，于是采用集体对抗的手段给政府部门施压。因此，政府部门不仅要求公众知法守法，而且还必须依法行政，善用法制思维和手段对待公众的利益诉求，化解矛盾纠纷冲突。

（二）拓展公众环境利益诉求表达渠道

如前所述，公众环境利益诉求表达出现的非理性化现象，与表达渠道存在问题有关，如公众环境利益诉求表达渠道偏少，以互联网为载体的新渠道使用不够，有的人甚至还不会使用。利益诉求表达渠道不是由公众自己来创建的，而主要依靠政府部门来搭建提供，后者要承担"供给侧"的职责任务。完善公众环境利益诉求表达渠道可从两个方面进行：一是要继续完善传统常规渠道，如听证会、意见征询会、市长信箱、环境公益诉讼、环境信访等；二是要开辟新渠道，如互联网渠道。环境信访渠道、网络渠道的功能作用还远远没有充分发挥，亟待重点加强建设和完善。

加强环境信访渠道建设。环境信访是我国信访制度的组成部分，环境信访是信访人主动把对环境问题的意见、建议和投诉请求送上门来，对于有关方面及时发现问题，了解民意，化解矛盾具有重要的作用，应该将环境信访渠道作为公众环境利益诉求表达的常态化主渠道加以建设。《环境信访办法》① 的出台，为规范和指导环境信访工作提供了基本的制度保障。《环境信访办法》共有八章四十五条，对环境信访的原则、信访渠道、信访部门的职责、信访事项的提出和受理办理等都作出明确规定。例如，要求坚持"属地管理、分级负责，谁

---

① 参见《环境信访办法》，2006 年 6 月 24 日，见 http：//www.mee.gov.cn/gkml/zj/jl/200910/t20091022_ 171839.htm。

主管、谁负责，依法、及时、就地解决问题与疏导教育相结合"原则，"应当畅通信访渠道，认真倾听人民群众的建议、意见和要求，为信访人采用本办法规定的形式反映情况，提出建议、意见或者投诉请求提供便利条件"，"应当恪尽职守，秉公办理，查清事实，分清责任，正确疏导，及时、恰当、妥善处理，不得推诿、敷衍、拖延"。这些规定具有很强的现实针对性，明确责任分工、程序公开透明、提高受理办理时效是需要重点完善的方面。

加强互联网渠道建设。随着互联网的快速兴起，互联网渠道成为公众利益诉求表达的新兴渠道，其广泛性、即时性、互动性、便捷性等特点可以弥补传统渠道的不足，有助于减轻传统渠道面临的"供不应求"的压力，是拓展公众环境利益诉求表达渠道的大有可为的发展方向。对于互联网渠道建设，首先，要开发多种不同的平台形式。例如，政府部门、企业要开发网站、微博、微信、公众号等功能多样的各种平台，以满足不同公众对不同平台的使用需求。其次，要加强对公众的网络素养和技能培养。网络平台对公众的网络知识和能力要求提高，要通过培训和指导，使更多公众习惯和善于使用网络平台表达自身利益诉求，并避免数字化快速发展对某些特殊群体产生新的"数字鸿沟"。再次，要建设绿色安全的网络渠道。由于互联网平台的虚拟性，网络上容易充斥大量虚假信息、非理性的言论等，要对公众加以教育引导，依法用网，使网络平台成为公众有序表达自身环境利益诉求以及官民良性互动的重要阵地。

（三）依托环境利益诉求表达的社会协同力量

只依靠政府系统自身的公众利益诉求渠道，已经不能满足日益增长的多元化、个性化的环境利益诉求需要，而广大的非政府组织恰好可以弥补这一不足，整合、汇聚分散、局部的利益诉求，形成合力后理性地对外表达。[①] 非政府组织包括社会组织、基层群众组织、大众

---

① 参见岳分责：《加强社会组织建设——利益诉求表达协调机制的法律问题研究》，《法商论坛》2011 年第 2 期。

媒体等，在公众环境利益诉求表达中起着桥梁作用。因此，借助广泛的社会组织力量，有助于公众更好地与政府部门、企业等主体沟通，表达自身的利益诉求。

发挥环保社会组织的协同参与作用。环保社会组织一般由环保社会团体、环保基金会、环保社会服务机构等组成。2017年1月，环境保护部和民政部联合发布《关于加强对环保社会组织引导发展和规范管理的指导意见》（下简称《指导意见》），强调要"高度重视环保社会组织工作"，肯定了我国环保社会组织在提升公众环保意识、促进公众参与环保、开展环境维权与法律援助等多方面作出的积极贡献。而环保社会组织开展环境维权与法律援助，恰好可以为公众的环境利益诉求表达提供支持和帮助，具体包括：帮助公众了解事实真相，作出理性的诉求决策；提供法律援助和咨询建议，为公众提供合法、规范的环境投诉请求；指导公众选择简便易行的诉求渠道，如环境公益诉讼等；帮助公众广泛收集和整理环境问题信息，代写环境利益诉求文书。因此，政府部门应当认真按照《指导意见》要求，引导培育、规范管理环保社会组织，指导帮助环保社会组织有序、规范开展以保护生态环境、维护公众环境权益为目标的社会公益活动。

发挥基层群众组织的沟通和诉求反映作用。基层群众组织，包括城市居民委员会和农村村民委员会。不少环境污染发生地以及邻避设施建设地，就在居委会、村委会所在辖区，居委会、村委会本身也是利益相关者，除了熟悉环境问题外，与群众的联系广泛和直接，还与基层政府存在密切的工作关系，因此，居委会、村委会在沟通情况、反映诉求方面具有显著优势。居委会和村委会可以通过与相关居民、村民的交流沟通，及时了解他们面临的环境问题，以及他们的意愿和利益诉求，向乡镇政府和街道政府直接反映。如果环境问题属于整个辖区的公共环境权益问题，居委会、村委会更有责任主动代表全体居民、村民反映问题和诉求，协助政府解决问题。

发挥大众媒体的民意表达和沟通作用。一些公众的环境利益诉求通过一般渠道长期得不到关注与回应，但通过媒体的报道，就迅速引起关注，并且得以高效率地解决，这表明"媒体在信息收集、舆论反映方面具有独特优势"①，因此，要善用媒体、善管媒体，充分发挥大众媒体在维护公众环境利益方面的作用。首先，要支持引导媒体坚持贴近生活、扎根基层，了解民意，真实全面反映公众的环境利益诉求。同时媒体从业者要提升职业道德，勇于承担社会责任，为广大公众发声，维护公众环境利益。其次，要引导媒体坚持正确舆论导向，在报道与公众的环境利益诉求相关的环境事件时，确保环境事件报道的真实性、客观性，掌握报道问题的分寸，既要敢于揭露批评政府部门和企业的环境违法违规行为，又要传播推进生态文明建设方面的正能量。此外，还要防止媒体在尚未调查清楚事实真相时抢先报道，导致发布虚假不实信息，制造社会不稳定因素。

二、完善环境利益诉求的回应机制

回应公众环境利益诉求，是对供需关系中的"供给侧"的要求，地方政府、事业企业，是回应公众环境利益诉求的主要责任主体。回应公众环境利益诉求主要有两项任务：一是解惑，即对公众在环境规划和政策制定、环境项目建设以及环境污染和安全防治等方面存在的困惑、质疑和担忧作出解释说明。回应方应该着重回答公众的各种疑问，并对工作中存在的问题提出改进的具体措施。二是对公众利益诉求的表态性回答，如果公众遭受环境污染、健康威胁、财产损失后提出了各种利益要求，不管其要求合理与否、能否给予满足，都需要及时回应；回应的内容可根据不同情况有所不同，如对于有条件马上解决的问题要承诺尽快解决，对于暂时还不能解决的问题要给出解决的初步方案和时限。总之，不能置之不理、敷衍塞责。

（一）坚持环境利益诉求回应的原则

对公众环境利益诉求的回应，必须坚持及时性、客观真实性、规

---

① 吴太胜：《群体利益表达失范与地方政府有效应对》，《行政论坛》2015 年第 1 期。

范性的原则，保证回应的客观真实、及时高效，有理有节，切实起到疏解矛盾，预防冲突事件发生的重要作用。

坚持环境利益诉求回应的及时性原则。环境事件或环境群体性事件从萌芽到全面爆发一般有一个发展过程，如果能在公众环境利益诉求提出后就及时回应，则有可能将环境事件或环境群体性事件控制在萌芽状态，避免事态进一步升级，反之，如果回应时机滞后甚至不予回应，公众的不满情绪会加剧，可能引发严重的环境群体性事件。因此，及时性成为回应的首选原则。及时性，强调的是第一时间，能早尽早，越及时越主动。如果环境群体性事件已经全面爆发，才开始仓促被动回应，会使公众感到没有诚心，很难再建立起彼此互信，使问题的解决变得更加困难。能不能回应好，属于政府部门、企业的回应能力问题，而能否及时回应反映的是回应方的态度问题，性质大不一样。做到及时回应公众诉求，要求政府部门、企业具有风险危机意识，拥有广泛的民意收集渠道，善于捕捉发现问题苗头信息，制定有相关的应急预案，一旦公众提出利益诉求，就能有备无患，及时应对，不至于不知所措，消极应付，甚至干脆不予理睬。

坚持环境利益诉求回应的坦诚性原则。有的地方政府和企业为了自身形象和利益，在回应公众诉求时，面对尖锐敏感性问题，往往会选择有条件地部分回应，含糊其辞，隐瞒一些重要情况和细节，甚至利用信息不对称的优势，提供虚假信息，或者以所谓"善意"的"谎言"相告。此外，坦诚性，除内容要客观真实外，回应公众质疑和批评的态度还要坦率诚恳，敢于正视自身工作的不足，虚心接受批评，知错就改，切忌强词夺理，在事实面前狡辩、死不认错。而且，对于公众提出的合理要求，暂时没有条件满足，也要讲明实情，不能为了尽快息事宁人，轻率表态全部答应。如果回应缺乏坦诚的态度，只会损害政府部门、企业的权威性和公信力，增强公众的不信任感，加剧矛盾冲突化解的复杂性。

坚持环境利益诉求回应的规范性原则。规范性，是对回应公众利益诉求的一系列标准要求,以避免回应的随意性、无序化,这对于提高回应的质量和效率具有重要的意义。我国现行法律法规对回应公众环境利益诉求只有原则性规定,具体实施细则不详,导致不同政府部门、不同企业回应相似问题出现较大的差异性,引发新的矛盾和误解。例如,回应公众的环境诉求,仅载体形式就有电话、电子邮件、微信、面谈、信函等,选用何种形式更为正规妥当?又如,环境政策出台后,或环境群体性事件发生后,面对公众的关切,需不需要举行新闻发布会,由什么部门组织,何时举行,内容口径如何确定,凡此种种,应该有大体一致的具体标准。如果完全靠经验、习惯自行其是,必将造成不少混乱。因此,在相关法律法规指导下制定实施细则,进一步提升公众环境利益诉求回应的规范性势在必行。

(二) 完善环境利益诉求回应的制度建设

对环境利益诉求回应的制度建设是坚持回应规范性原则的具体要求和体现,自20世纪90年代起,我国在一般行政领域,在增进政府部门的回应性方面建立了一系列相关制度,如行政公示制度、行政听证制度、领导干部接待日制度、信访制度等,这些制度对于环境领域的公众利益诉求回应虽然具有一定的参考价值,但是,还不能代替专门制度的制定,有必要制定更具针对性的环境利益诉求的回应制度。为此,应该在国家有关环境法律法规的指导下,就回应主体、回应内容、回应时机、回应方式、回应渠道、责任追究等内容作出明确可行的规定。公众环境利益诉求回应制度建设,既可以利用现行有关环境法规、应急管理法规修订之机会进行增补细化,也可适时制定一部独立的公众环境利益诉求回应制度,使回应工作能够更加规范有序进行。

(三) 完善环境利益诉求回应的评估监督机制

对公众环境利益诉求的回应,需要进行闭环管理,把评估监督作为确保回应效果的重要环节。回应主体对客体诉求是否愿意及时主动回应,需要足够动力,在现实中常常发现,不少企业的回应动力,主要来自于上级政府部门的施压和社会舆论;一些下级政府部门的回应动力,主要来自于上级政府部门的要求和社会舆论。为避免政府部门、企业的消极回应,就必须对公众环境利益诉求的回应进行评估和监督。对诉求回应的评估,根本上应该评估的是回应效果,公众是诉求者,回应效果自然体现为公众对涉事企业、政府部门回应的满意度。鉴于此,就需要立足于对回应满意度进行评估。以对政府部门回应的满意度评估为例,评估指标可以分为三级指标,第一级是宏观指标,包括政府部门对公众利益诉求回应的广度、深度、效度,体现了对政府部门回应评估的目标结果导向。第二级是中观指标,涵盖政府部门的回应态度、回应方式、回应渠道、回应质量、回应效率等方面,是评估的核心要素。第三层是微观指标,是对第二层级指标的细化,如对回应渠道的评估,可细分为电话、信函、面谈等形式,包括选用形式是否恰当和多样化;对回应质量的评估,可以从是否客观真实、是否全面充分、是否有针对性等方面考察。

回应满意度的评估重在评价回应效果,通过效果的测评,可以了解回应的各要素存在的问题,对做好回应工作具有反馈作用。评估本身虽然具有监督的特点和功能,但并不完全等同于监督。监督是以评估为基础,重在检查和督促,只有以评估结果为依据,才能更好发挥监督的作用。监督的目的是为了促使回应工作依法依规,更加及时、客观、有序,避免回应中出现偏差和形式主义。因此,在评估的基础上还必须完善对政府部门、企业的回应监督制度,包括全过程监督和全领域监督、内部监督和外部监督、行政监督和司法监督等方面的制度。

第四节　完善多元主体对话协商机制

党的十八大报告提出"推进协商民主广泛、多层、制度化发展",这对于完善环境领域的多元主体对话协商机制具有重要的指导意义。

通过对话协商化解环境领域的矛盾纠纷，是有中国特色的一种协商民主途径和机制。"环境治理直接关系到每个公民切身利益，具有基层性、区域性、利益多元性和问题复杂性的特点。建立环境治理的政府—公众—企业有效对话协商机制，通过平等对话协商，满足各方主体核心关切利益，有利于以有序和平稳的方式处理矛盾，实现社会的稳定发展。"① 在环境治理中开展对话协商不仅有助于实现各主体平等参与环境治理的权利，也有利于促进环境决策的科学化、民主化，进而从源头上预防各种利益冲突的发生，完善对话协商机制是环境群体性事件合作治理的重要途径。

一、扩展对话协商的范围

环境群体性事件合作治理中的对话协商是一个平等开放的系统，应该具有较大的包容性，从对话协商的参与主体来看，凡属于利益相关者，都应该纳入对话协商的主体范围，才能保障其民主参与权；从对话协商的内容来看，凡涉及各利益相关者的公共事项，都属于对话协商的议题。只有扩展对话协商的主体和议题范围，才能真正体现对话协商的民主参与属性。

（一）合理扩大对话协商的主体范围

对话协商的开放性、平等性和广泛性特点，意味着环境群体性事件的合作治理需要扩大参与对话协商的主体范围，使参与主体涵盖各类利益者代表。因此，要鼓励吸纳各相关利益主体参与对话协商，而不是选择其中一部分主体参与。《环境保护法》第六条明确规定："一切单位和个人都有保护环境的义务。"法律在宣告主体责任的同时也宣告了相应的主体权利。一切单位和个人都有保护环境的义务，表明一切单位和个人都享有环境权益，都有参与环境公共事务治理的对话协商的权利。法理上的要求，应该体现在实践中，从我国环境公共事

---

① 朱海伦：《环境治理中有效对话协商机制建设——基于嘉兴公众参与环境共治的经验》，《环境保护》2014 年第 11 期。

务治理的主体参与来看，多元主体参与并不存在多大困难，主要的问题是参与主体的广泛性不够。受条件限制，不可能也无必要让所有组织机构和个人都参与某一具体环境问题的民主决策，参与者应该是利益相关者，但未必是全部利益相关者，而是各类利益相关者的代表，这是扩大对话协商主体范围的基本原则。只有让各类利益相关者的代表都有机会表达自身的诉求，维护自身的利益，同时担当起服务社会的责任，才能保障对话协商的代表性、公正性。

（二）扩大对话协商的议题内容范围

对话协商的议题内容范围大小，可以测评决策的民主化、透明化程度，从理论上讲，除法律规定外，所有涉及各主体利益的公共事项都应该纳入对话协商范围加以共同讨论决定。要避免强势主体主导议题的选择，将那些涉及自身利益的敏感性议题排斥在对话协商议题外，避重就轻，遮遮掩掩，如果仅仅选择部分非核心议题进行对话协商，那就缺乏对话协商的诚意，只是走走过场，甚至是迫于制度规定和舆论压力的一种被动之举。此外，环境治理中的对话协商无论是什么层级和类型的主体参与，都可能涉及环境价值共识的达成与利益的调整，只有拓展对话协商议题的范围，促进多元主体围绕环境保护、环境污染治理、政府和企业环境责任、公众环境权益等议题进行平等、充分的商议和沟通，才能为环境问题或环境群体性事件的有效合作治理达成较为一致的价值认同和利益分配。

（三）扩大对话协商的运用过程范围

对话协商手段是否在环境群体性事件合作治理的不同阶段运用，对于合作治理效果具有重要的影响。按照环境群体性事件全过程的治理理念，开展对话协商不是一时之举，应该贯穿事前、事中和事后全过程，要改变以往重事发中的对话协商而轻事前、事后两个阶段的对话协商。下面重点分析在事前、事中两阶段如何开展对话协商。

重视事发前的对话协商。前面多次强调，环境群体性事件发生的一个重要原因，就是事发前的公共决策民主化、透明度不够，表现为对话协商的弱化甚至缺失。在环境领域，环境公共政策的出台，环境污染的治理，环境项目的建设，"环评""稳评"的开展，都需要民主决策，但以往在涉及这些重要事项的决策中，存在利益主体参与有限、对话协商形式化、信息透明度不高等问题，这种缺乏充分民意和共识基础的环境公共决策，必然产生不少矛盾纠纷隐患，在一些诱发因素的刺激下，不可避免地引发环境群体性事件。因此，必须高度重视源头治理，将对话协商环节前移，及早纳入事前的环境公共决策中，更好地发挥对环境群体性事件的预防作用。

完善事中的对话协商。环境群体性事件发生后，矛盾冲突公开化，对抗性增强，尽管如此，对话协商仍然不失为一种必要的补救方式。因为环境群体性事件主要是由公众对自身的环境权益和健康权益诉求引发的，属于集体维权行为，虽然有的环境群体性事件出现一些非理性过激行为，但总体上属于人民内部矛盾，应该用处理人民内部矛盾的民主与法制的基本方式解决，对话协商就是一种不可缺少的手段。要改变以往事发后动辄就使用警力的管控方式，要慎用警力，否则会进一步激化矛盾，使事态升级。事发后首先要及时组织各利益主体开展对话协商，多数情况下，相关企业、政府部门是引发群体性事件的责任主体，相关公众、组织机构是利益诉求方。企业、政府部门应该以坦诚的态度，勇于正视问题，善于倾听公众、组织机构的诉求，分析把握他们的关切点，进行有针对性的回应。还要掌握好回应的技巧，对于那些合理而又能马上满足的诉求，应该尽快给予满足；对于那些合理而暂时没有条件满足的诉求，要明确说明并给出解决的时间表；对于那些不合理、过高的诉求，要明确表示拒绝，不能轻易许诺以造成失信，滋生后患。利益纠纷的解决比较复杂，反复性强，试图通过一次性对话协商就能完成是不现实的，要有耐心持续地进行对话协商，直到对抗冲突彻底化解。在激烈的对抗冲突情景下开展对话协商，需要具备很强的危机公关能力，但总的要求是，平等、坦诚、透明、公正、依法。

二、创新多元主体对话协商平台

对话协商的平台一般是指对话协商得以进行所需要的环境或条件，又称为载体或渠道。随着信息技术的飞速发展，除了传统的对话协商平台外，还需要在政府、企业、公众、网络媒体、社会组织之间建立各种新型对话协商平台。对话协商平台的数量、结构、形式等因素都会影响对话协商的效果。要提升创建平台的能力和技术水平，提升对话协商平台的科学性、有效性，推动环境群体性事件合作治理向高水平发展。

（一）借鉴创新现有基层社会治理的对话协商平台

开展对话协商，是群体性事件合作治理的一种民主化治理途径。在我国，协商民主理念在地方基层社会治理方面已有积极实践，并形成了不少行之有效的具有对话协商特点和功能的平台形式，对于环境群体性事件的合作治理具有借鉴运用价值。大多数环境群体性事件发生在群众维权过程中，因为他们的合理诉求通过正常渠道无法得到满足，负面情绪难以宣泄而被迫采取集体抗议行动。信访调解尽管提供了诉求表达的渠道，但对解决利益矛盾的实际效果不大；通过法律途径来解决利益诉求，诉讼费用较高，过程漫长，许多群众望而却步。[①]因此，开展形式多样、内容广泛的对话协商，聚同化异，积累共识，是防控环境群体性事件不可缺少的手段，符合中国国情。

对话协商是民主协商的具体表现，具有广泛的适用性。政府实行行政民主，也要开展民主协商，如推行重大行政决策听证制度、与社会协商对话、举行决策听证会等。民主协商成为我国地方政府和基层组织民主管理、民主决策和民主监督的重要制度模式。[②] 党的十八大报告提出"积极开展基层民主协商"后，各地创造出许多具体的民主

---

① 参见崔立英、迟兴爽、郭培芬等：《完善对话协商机制妥善化解社会冲突——快速转型期群体性事件的对话协商问题研究》，《党史博采》2011 年第 6 期。

② 参见张峰：《社会主义协商民主制度是个大概念》，《中国政协理论研究》2013 年第 3 期。

协商形式，如民主恳谈会、听证会、群众议事会、参与式预算、决策咨询、群众讨论、媒体评论、网络听政、公民评议会、公民陪审团、集体工资协商等。这些民主协商形式为对话协商搭建了多元平台，对于吸纳公众参与，构建共建共治共享的社会治理格局发挥了重要作用。环境群体性事件的合作治理，与基层社会治理，在治理理念、治理目标、治理手段等方面具有相似之处，因此，各地在行政管理和基层社会治理中探索形成的民主协商形式，可以吸纳作为环境群体性事件合作治理的对话协商平台，并结合实际加以创新。

（二）完善对话协商的网络化信息平台

对话协商的实质是多元主体之间的有效交流沟通，而有效的交流沟通则是信息互动的结果，需要以信息平台为依托。现有的信息公开制度为参与对话协商的多元主体提供了必要的制度保障。但是，对话协商的有效实现还需要充足优质的信息服务，而现有的信息平台尚不能满足需要，因此，除了继续完善使用好现有信息平台外，还要及时抓住现代信息技术发展带来的机遇，创建各种新型信息平台，使新旧平台融合发展，增强平台的综合功能。

新型信息平台，主要是指以现代信息技术为支撑的网络化信息平台，网络化信息平台具有平等性、开放性、便捷性、即时性、互动性等特点和优势，克服了传统信息平台的局限，与现代对话协商的特点和需求高度契合。在政府、企业、社会公众、媒体、社会组织等多元主体之间建立起功能强大的网络化信息平台，对于推进对话协商制度真正落地见效具有现实意义。开展对话协商活动是协商民主理论在实践中的具体表现，协商民主理论的核心是公共协商，即政府在制定政策的过程中要保证其他治理主体对于政策内容的知情权和异议权，并以协商的姿态对政策的每一个细节加以解释和详细说明，以听取相关利益群体的意见和建议。[①] 公共协商离不开信息的共建共享，对信息

① 参见郭晓桢：《多元主体参与群体性事件治理的必要性及制度建构》，《山东社会科学》2012年第8期。

供给提出了很高要求。

环境领域的对话协商同样是一个环境信息充分交流共享的过程，只有各主体在平等充分掌握各种环境信息的基础上，才能深入进行多层次、多阶段和多主题的对话协商，并在对话协商中充分发表自己对相关问题的看法和主张，全面客观地认识和分析事件的真相，充分照顾彼此的关切，求同存异，才能妥善处理好共同面临的环境问题和矛盾纠纷。可见，信息平台建设在对话协商中具有基础性的地位。值得指出的是：环境问题影响的区域较大，覆盖的公众较广泛，涉及的信息量较大，传统信息平台多为实体平台，信息量有限，交互性不强，对于在环境领域开展对话协商比较有局限，因此，有必要创建网络化信息平台。网络化信息平台建设要借助大数据技术，将原始大数据加工成能解释、预测环境问题发展变化的精练数据，帮助参与者掌握更全面的信息或更有力的证据。还要充分考虑到多元主体参与对话协商的需求，建立多种数据库，如环境法规政策数据库、环境群体性事件数据库、环境项目数据库、环境信用数据库等。

三、完善对话协商的制度保障

在一些地方，对话协商实践还主要源于地方党政领导的政治觉悟和推动，未能实现制度化。党的十八大报告提出推进协商民主制度化发展，因此，亟待以制度的形式明确环境决策过程中哪些事项必须通过对话协商、以何种方式对话协商、对话协商程序是什么，并且明确应该通过对话协商而没有对话协商所作出的决策不得执行。

（一）切实加强系统性的对话协商制度建设

环境领域的对话协商制度是我国协商民主制度的重要组成部分，要在推进我国整体协商民主发展中同步完善环境领域中的对话协商制度，"要完善协商制度、实现规范性，进一步明确协商什么、与谁协商、怎样协商、协商成果如何运用等具体要求，不断提高协商民主的制度化水平"①。在我国行政管理领域，一些地方出台了协商规程或加强协商的政策意见，基本实现了从"软约束"到"硬约束"的转变。但具体到环境领域，因为环境公共问题具有跨层级、跨行政区域、跨部门的复杂性特点，我国行政管理领域的一般对话协商制度还不能完全适应环境领域对话协商的要求。尽管一些地方在跨界、跨区域环境合作治理中，也建立了许多工作制度，如联席会议制度、联合监测和督察制度、环境应急处理制度、环境信息共享制度等，但这些制度对于多元主体的对话协商仍然不太适用，需要根据实际需要进一步具体化、规范化。

一方面，要建立权威而相对稳定的环境合作机构。许多环境协调机构是临时性的，没有足够的权威性，而且临时机构的工作程序也不明确，使联席会议流于形式。例如，一些地方有对话式的协商，没形成制度化的会议，只是在遇到具体问题时才临时开会沟通。有的合作协议，内容过于原则，对各方在合作治理中应采取的具体措施缺乏明确规定，因而协议履行就很难得到保证。松散的会议协商缺乏强有力的组织机构和制度化的议事机制，造成合作低效或失败。会议形式的协商还受制于领导人的任期，往往地方领导岗位变动，导致合作的"停摆"；另一方面，要推进环境治理体制的综合改革。环境治理的区域合作，不仅与环境管理体制相联系，还与行政区划体制、政府职能定位、政府机构设置、行政执法体制、流域管理体制、资源管理体制有关系，因此，要保证环境治理的合作机制有效运作，除了开展环境治理体制内部改革外，还要系统推进政府职能转变、大部制改革及流域管理体制、资源管理体制的综合改革，才能提高环境政策、合作协议的执行力。因此，环境领域的对话协商制度的完善，也不能孤立进行，必须树立全局和系统性

---

① 张峰：《社会主义协商民主制度是个大概念》，《中国政协理论研究》2013 年第 3 期。

思维，在更宏大的视野、从更高的层面推进。

(二) 构建公开透明的对话协商机制

知情权是参与环境治理各方主体的共同诉求，对话协商就是平等沟通互动，唯有及时主动公开环境信息，才能搭建起政府部门、企业、公众、社会组织等主体平等对话协商的机制。在各参与对话协商的主体中，一般公众在环境信息方面处于劣势地位，因此，信息的公开透明，首先是对公众的公开透明，让公众全程参与对话协商活动，了解政府部门的环境规划和政策，了解企业的安全生产状况和环境项目安全情况。这方面可借鉴中国台湾地区的做法，台湾地区曾推动环保协议书制度，此制度要求民众和厂商之间签订环保协议书，就环保补偿的内容、方式和年限等作出具体规定。[①] 构建公开透明的对话协商机制，包括两个方面的要求：一是环境信息的公开透明，为对话协商活动的开展提供信息依据。这就需要了解分析对话协商活动所需要的信息范围和内容，有针对性地准备和提供，以充分满足对话协商活动所需信息。二是对话协商活动本身的公开透明。因为能够参与对话协商活动的一般只是各利益相关者的代表，对话协商活动只有做到公开透明，才能保障更广泛的利益相关者拥有知情权和监督权，才能促使对话协商活动公平公正进行。对话协商活动的公开内容，主要包括公开参与者的来源和组成、对话协商的议题、对话协商的规则、对话协商的程序、对话协商的结果。

第五节　完善合作治理的信任机制

环境群体性事件的治理，多元主体为了实现各自的利益诉求，彼此需要寻求合作，而信任则是合作的前提和基础。"后工业社会是一个合作的社会，在合作社会中，信任成了物质资源、知识资源等等传

---

① 参见林至铭：《"邻避冲突"的破解路径》，《浙江人大》2014 年第 6 期。

统资源库中的一种新的资源。"① 某一主体获得信任或被信任，取决于其信用状况，因此，多元主体之间合作信任的建立，需要各主体拥有较高的信用水平。在社会信用体系不健全、社会信用水平普遍不高的情况下，合作治理面临重大考验，建立多元主体之间（政府、公众、企业等）的合作信任机制，从宏观上和源头上看，离不开社会信用体系的建设和完善。

一、完善合作治理的社会信用体系

这里的社会信用体系，是从广义视角界定的。就主体结构而言，社会信用体系主要包括政府信用、企业信用和公众信用。社会信用体系存在的现实问题主要是，信用制度不健全，失信问题较为普遍，不同主体的互信度较低，这成为开展合作治理的制约因素。在环境群体性事件合作治理中也存在类似问题，政府、企业、公众等参与主体之间存在信任鸿沟甚至信任危机。一般而言，政府、企业常常是环境问题的产生方、责任方，自然也是解决问题的主导方，作为利益诉求方的各类公众（含自然人、法人），对政府、企业主体的信用状况抱有更高的要求和期待。因此，为有效开展环境群体性事件的合作治理，不仅需要提高所有参与主体的信用水平，还要重点提升政府、企业主体的信用水平。

（一）政府要做社会信用体系建设的推动者和表率

在环境群体性事件治理中，解决多元主体间的信任问题需要多元主体的共同努力，而政府承担的责任更大，政府要做社会信用建设的表率，努力打造信用政府，并成为社会信用体系建设的推动者和引领者。首先，政府要充分发挥在社会信用体系建设方面的规划、指导、协调、监管作用。包括制定社会信用体系建设规划，推进社会信用体系的制度建设、平台建设，使社会信用体系更加健全、规范。其次，政府要以自身良好的信用形象，指导和引领公民、企业和社会组织开

---

① 张康之：《在历史的坐标中看信任——论信任的三种历史类型》，《社会科学研究》2005年第1期。

展自身的信用建设，培养他们的信用意识和守信责任。

（二）打造诚实守信的企业形象

企业是重要的市场主体，是社会信用体系建设的重要参与者。企业信用建设，既要靠政府的推动，又要有内生动力。从不少环境群体性事件的发生来看，企业失信是一个不可忽视的原因。企业信用，表现为对国家法规制度的遵守，对契约和规则的认同和执行，对安全主体责任的严格落实，对客户、对公众真诚讲信。然而，有的企业不遵守环境保护法规，不认真履行安全生产的主体责任，造成环境安全生产事故，甚至偷排废水废气，严重危害环境；有的企业不按程序违规上马环境项目，埋下安全稳定隐患；有的企业对环境问题信息不公开透明，甚至弄虚作假误导公众，这些都是企业严重失信的表现。因此，从企业信用建设入手，增强企业的社会责任感和可信度，对于防治环境群体性事件具有基础性作用。企业信用建设，要坚持自律与他律相结合原则。首先，加强企业信用道德建设。企业信用属于企业道德范畴，要以道德建设为基础和重点，抓好两方面工作：一是制定规范的企业信用道德准则，明确企业和员工的基本信用道德规范，将信用道德建设置于企业生存发展的战略高度予以统筹考虑；二是持续开展企业员工信用知识培训，将价值观和道德准则融入企业信用文化，培育诚实守信的企业文化。其次，把企业信用建设纳入法制建设范畴。通过建立完善相关法规，规范企业的信用行为，对诚实守信企业给予表彰激励，对失信企业进行严厉惩处。

二、完善合作治理的信用监督机制

有效推进合作治理中各参与主体的信用建设，不仅需要各主体严格自律，把信用建设视为自身的责任和义务，同时还需要完善信用监督机制，软硬约束并举。社会信用体系建设的成效不尽如人意，与监督机制不完善有关。要从完善信用的内外部监督以及以信用为基础的全过程监督入手，提升各参与主体的信用水平，从而为提升环境群体性事件合作治理创造更好的社会信用环境。

（一）完善信用的内外部监督机制

完善信用监督机制，是保障合作治理得以顺利开展的必要条件。多元主体在环境群体性事件合作治理中平等、深度合作，除了需要完善相关法律和法规，借助法律和制度更好履行各自的权利和义务，还需要加强对多元主体的信用监督，通过监督能够洞察不同主体在合作治理中的信用表现，并把监督的意见和建议反馈给各主体，促进各主体的信用水平提升。完善信用监督，需要完善内部监督与外部监督相结合。

完善信用的内部监督。对政府的信用监督而言，内部监督是指同级行政监察机关与相关上级主管部门的监督，如在"环评"和"稳评"中，要实时跟踪监督相关政府部门是否依法履职，"环评"和"稳评"程序和标准是否符合要求，是否有弄虚作假行为，要将信用监督结果纳入年度绩效考核评估中，纳入其诚信记录中，要加大对失信行为的惩处力度。

完善信用的外部监督。从监督类型来看，包括人大代表监督、新闻媒体监督、社会公众监督等。外部监督更具中立性、广泛性，能够对参与合作治理的各主体的信用行为起到更大的约束作用，尤其有利于保障核心公众的知情权、表达权以及监督权，对于促使环境事件的有效解决、实现社会效益与经济效益具有重要作用与意义。内部监督是基础，外部监督是重点。

（二）完善信用的全过程监督机制

2019年7月，国务院办公厅印发《国务院办公厅关于加快推进社会信用体系建设构建以信用为基础的新型监管机制的指导意见》[①]（下简称《指导意见》），提出"以加强信用监管为着力点，创新监管理念、监管制度和监管方式，建立健全贯穿市场主体全生命周期，衔

---

① 参见《国务院办公厅关于加快推进社会信用体系建设构建以信用为基础的新型监管机制的指导意见》，2019年7月9日，见 http：//www.gov.cn/zhengce/content/2019-07/16/content_5410120.htm。

接事前、事中、事后全监管环节的新型监管机制"的总体要求。《指导意见》把信用作为对市场主体监管的基础和手段，目的是为了进一步规范市场秩序，优化营商环境。以信用为基础的新型监管机制的建立，虽然不是直接以信用为监管对象，但却有助于倒逼市场主体更加重视自身的信用状况，这对于营造更好的社会信用环境具有积极意义。

按照《指导意见》的规定，在创新事前环节的信用监管方面，要求建立健全信用承诺制度，探索开展企业准入前诚信教育，积极拓展信用报告应用。在加强事中环节的信用监管方面，要求全面建立市场主体的信用记录，建立健全信用信息自愿注册机制，开展公共信用综合评价，大力推进信用分级分类监管。在完善事后环节的信用监管方面，要求健全失信联合惩戒对象认定机制，督促市场主体限期整改，深入开展失信联合惩戒，坚决依法依规实施市场和行业禁入措施，依法追究违法失信责任，探索建立信用修复机制。《指导意见》对于事前、事中、事后三阶段中的信用监管要求，对实施合作治理各主体信用全过程监管也有较大的参考价值。

三、完善以政府信任为基础的多元主体互信机制

在环境群体性事件合作治理中，各主体之间的信任构成了一种互信关系，诚然每个主体信任状况对于合作治理的实现都很重要，但由于政府主体在合作治理中具有协调、引导作用，因此，政府信任相对于其他主体信任，更具有基础和示范作用。"政府信任的下降已经成为全球面临的共同难题，而重建政府信任成为各国政府改革的核心主题之一。"① 一些基层政府的信任度不高，成为引发环境群体性事件的重要因素之一。因此，环境群体性事件合作治理的信任构建，首先要重建政府信任，以此为示范，完善多元主体之间的互信机制。

---

① 张成福、边晓慧：《重建政府信任》，《中国行政管理》2013 年第 9 期。

（一）重建地方政府信任

"重建政府信任既是回应政府信任下降与信任危机的策略选择，也是主动构建政府与公民良好互动关系的核心内容。"① 重建政府信任特别是地方基层政府信任，首先，要了解政府信任的来源和形成过程，"整体来看，政府信任既是公民基于信念的道德选择，也是基于理性的认知判断，并在公民与政府的交往过程中具体形塑。"② 政府信任，以政府的实际信用状况为基础，是公众对政府的价值理念、组织体系、政策制度、运行过程和手段的正当性、有效性、真实性的基本认知和整体评估，是客观性与主观性的统一。其次，要了解政府信任的影响因素，影响公民与政府信任关系的因素可以分为"政府价值、治理结构、政府行为、政府能力、政府过程、政府绩效与交往关系"③，这七个因素实际上反映的也是政府信任的影响因素，这为政府信任的重建提供了依据。从这些影响因素看，政府信任的重建过程其实也是现代公共治理的构建过程，就是要消除造成政府不信任的消极因素，创造积累提升政府信任的积极因素，这是一个宏大的系统工程，特别需要重点解决如下三方面问题：

首先，推进法治政府建设，规范和约束政府行为。有的地方政府法治意识淡化，公权私用，随意行政，政策不确定性，造成政府信任下降。为此要用法律强制政府依法行政、规范行政，同时加强政府道德建设和行政问责体系建设，通过软硬手段的结合，引导、约束和规范政府行为，从而降低政府信任风险。其次，促进政府行政过程更加开放透明。行政过程对政府信任的形成和影响很大，政府行政过程本身可以体现回应性、透明性、公开性等价值诉求，有助于从程序上获取公众的支持与认同；同时，政府行政过程在一定程度上也会影响政府行政绩效，一个治理过程开放、透明和互动的政府，其行政绩效将

---

① 张成福、边晓慧：《重建政府信任》，《中国行政管理》2013 年第 9 期。
② 张成福、边晓慧：《重建政府信任》，《中国行政管理》2013 年第 9 期。
③ 张成福、边晓慧：《重建政府信任》，《中国行政管理》2013 年第 9 期。

更高，更容易获得公众的认同。再次，提升政府治理能力。能力是信任的来源之一，能力可以产生信任，政府治理能力越强，就越能解决现实问题，拥有更大绩效，提高公众的获得感，从而获得公众的信任。

(二) 构建多元主体互信机制

合理有效地解决环境公共问题，需要依赖多元主体之间的协商和配合。很显然，能够顺利进行这种协商和配合，需要有主体间的相互信任作为基础，有一套有利于彼此进行交流协商的制度和机制作为保障。[①] 多元主体的存在不仅成为一种基本的社会结构性事实，而且不同主体的竞争和合作成为社会发展和维护社会秩序的重要动力源。各种环境问题的背后涉及不同主体之间的利益，而解决这些环境问题，也只能依靠各主体彼此互信，通过充分协商得到较满意的效果。在治理环境问题中，政府信任虽然具有示范引导作用，可以为合作共同体的形成提供凝聚力，但仅政府被信任而其他主体信任缺失，或者各主体之间互信度低，合作治理仍然难以实现。为此，合作治理的各主体必须共建互信机制。政府部门应当以身作则，按照前面所述的三个方面要求推进信任建设，努力打造人民满意和信赖的政府。企业要遵纪守法，诚信生产和经营，不制假贩假，信息公开透明，认真履行社会责任，成为被政府信任和社会信任的好企业。公众要依法行事、依法维权，注重公民道德修养，讲诚信，正确处理好个人利益与集体利益、个人利益与国家利益的关系，成为社会的好公民。如果各主体都能注重自身信任建设，提升自身的信任度，这就为平等对话协商，实现合作治理创造了基本的互信条件。

四、完善多元主体互信的保障机制

互信的建立和巩固是一个复杂的问题，在合作治理中各主体应该

---

① 参见《推进国家治理体系建设须建立多主体间的互信机制》，2014 年 10 月 29 日，见 http://theory.people.com.cn/n/2014/1029/c40531-25929250.html。

是可信的，这只是建立互信的先决条件，并不意味着这种互信就必然能够自动建立起来，而且还能够持续，实际上互信的稳定建立还需要进一步完善相应的保障机制。

（一）完善主体间的信息沟通机制

互信的建立是一个主动沟通与对话的过程，是一个不断公平分享信息的过程。信息的分享沟通是各主体增进了解，消除误会、猜忌的重要手段。在社会信任度普遍不高的现实情况下，及时充足的信息沟通尤为重要。"信息充分共享的直接效应就是信任关系的出现和合作行为的普遍化。"① 在以政府、企业和公众为代表的多元主体合作治理中，各主体的地位不同，利益诉求不同，拥有的资源不同，客观上存在强弱之分，这本身就增加了互信的难度，如果各主体之间还缺乏平等分享信息、平等沟通，希望达成真正的互信和合作几乎是不可能的。因此，完善多元主体之间的信息沟通机制成为互信的重要保障机制，这包括在政府上下级之间、政府主体与其他主体之间、企业与企业之间、企业与公众之间的多维信息沟通，其中，政府主体在促进信息沟通方面的责任和作用更为显著。政府主体要重视民意特别是网络舆情，在环境群体性事件的潜伏期，要第一时间通过媒体与公众互动，回应社会关切，而不是对相关信息进行屏蔽。② 在信息快速传播、社会高度透明的今天，如果有关方面仍然封锁消息，或者信息公开滞后，必然导致谣言四起、公众信任缺失。例如：江苏无锡东港镇建设的垃圾焚烧厂在点火试验时，村民才发现真相；广州番禺的业主直到媒体大篇幅报道后，才知晓身边将建垃圾焚烧场。这加剧了民众对政府不信任和恐慌情绪，随后就爆发了抗议。③ 因此，

---

① 张康之：《在历史的坐标中看信任——论信任的三种历史类型》，《社会科学研究》2005 年第 1 期。

② 参见方爱华、张解放：《环境群体性事件中政府、媒体、民众在微博场域的话语表达——以"余杭中泰垃圾焚烧事件"为例》，《科普研究》2015 年第 3 期。

③ 参见林至铭：《"邻避冲突"的破解路径》，《浙江人大》2014 年第 6 期。

在多元主体之间要建立起信息沟通机制，及时通报信息，并且对各主体的意见建议进行有效的反馈，使得政府与政府之间，政府和社会组织、公众之间更能相互深入了解，消除误解和分歧。为此应该努力从如下两方面解决：一是优化信息传递流程。上级政府向下级政府传达信息，由于层级过多，逐级传递，容易造成信息错漏、失真等，因此，要减少不必要的信息传递层级，优化流程，增强信息传达的效率，避免环节过多产生信息失真变异。二是建立公共信息平台。多元主体来自社会的不同阶层，分布广泛，对信息需求多元，建立公共信息平台，可以保证信息的丰富性和透明度，帮助各主体利用信息平台更加快捷获取信息、反馈信息，实现更及时深入沟通。特别是在环境群体性事件发生时，群众反馈的信息使得多元主体在治理上更具针对性，极大提高了对环境群体性事件治理的效率。①

（二）完善主体间互利共赢机制

以共建共治共享为导向的合作治理模式，本身就意味着各方希望借助合作实现自身的利益。如果多元主体间的互信没有换来各自利益的满足，互信的动机就会大大弱化，持续稳定的互信和合作也将不复存在。环境冲突尤其是邻避冲突的发生，利益诉求是一个普遍的原因。例如，人们反对垃圾焚烧厂的建设，一是担心垃圾焚烧厂排放的污染物损害健康，二是担心所拥有的房产价值缩水。这种"成本集中—利益分散"的公共项目往往使成本承担者感到不公平，利益结构的失衡自然导致项目周边群众反对邻避项目。② 因此，完善多元主体互利共赢机制，成为化解利益冲突的重要保障。

在环境问题的合作治理中，由于利益主体多元化、利益来源多样化、利益差距扩大化和利益矛盾尖锐化的特点，实现多元主体的

---

① 参见沈一兵：《从环境风险到社会危机的演化机理及其治理对策——以我国十起典型环境群体性事件为例》，《华东理工大学学报》2015年第6期。
② 参见林至铭：《"邻避冲突"的破解路径》，《浙江人大》2014年第6期。

互利共赢，首先，必须遵循基本的原则，包括公平公正的原则、统筹兼顾的原则、民主法治的原则、循序渐进的原则。其次，要建立多元主体间的互利共赢机制：一是保证权责对等。互利共赢并非指平均享有利益，在环境问题的治理中，不同主体的利益损失不同、承担的风险不同，拥有的责任和付出的努力也可能不同，因此，需要明确各主体的权责边界，按权责对等原则分享各自的利益。二是健全利益诉求表达渠道。需要开辟和畅通多层次、全方位的利益诉求表达渠道，使各主体的利益诉求都有渠道得到充分表达。三是及时回应各种利益诉求。需要对所有主体的利益诉求进行分析识别，通过沟通协商，从合理性、可行性出发，寻求最大公约数，给予相应的满足。

后　记

在《我国环境群体性事件合作治理研究》一书定稿付梓之际，我谈谈本书的写作缘由、过程，并在此表达自己的感谢之情。

本书以环境群体性事件合作治理为题进行研究，是我在应急管理领域研究的深化和阶段性总结。自 2003 年"非典"事件后，我的学术研究重点和兴趣开始转向应急管理领域。我在应急管理的初期研究中，涉猎的研究内容较广，从研究的突发事件类型看，主要有一般群体性事件、食品安全、城管执法冲突、高校突发事件、中国公民海外安全等；从研究的应急管理要素看，主要涉及应急管理的体制、机制、模式、途径、保障条件等，试图构建一个较为完备的应急管理研究体系。尽管也取得了不少研究成果，但随着研究的继续，深感自己的研究能力和精力都难以进行全面性研究，需要凝聚方向，突出研究重点，于是，近年来我开始聚焦于环境类群体性事件的研究。之所以选择这一领域，一是基于现实需要。进入 2000年以后，在我国一些地方，环境类群体性事件呈现多发趋势，居突发事件前位，社会危害影响大，党和政府高度关注，这使环境群体性事件的研究具有较大的实践价值。二是基于学术价值的考量。环境类群体性事件的成因、演变和治理，既有一般群体性事件的共性又有特殊性，其涵盖的理论和实践问题较多，综合性强，以此为研究对象，有助于整合和促进相关问题的研究，具有较大的学术价值。

在本书的出版过程中，我很庆幸遇到了周果钧老师这样的好编辑，在这里我要由衷地表达对她的敬重和感谢之情。周老师是一位极其认真负责的编辑，她的敬业精神让我感动。本书从第一稿到定稿印制，周老师所做的全面系统的修改不低于五六遍，每次反馈修改意见时，我与周老师都通过 QQ 电话，对照书稿交流，周老师对书稿每一处的问题及其修改，都要一一给我讲解，说明修改的原因。我们每次电话交流的时间，少则一二个小时，多则三四个小时，为了方便我的时间，我们的交流常常安排在周末或晚上，在我的印象中，周老师是没有节假日和周末的，她如此认真敬业，让我不敢懈怠，我必须努力按照她要求的时间完成修改。周老师还是一位专业、权威的好编辑。周老师有几十年的编辑工作经验，编辑业务精湛。大到书稿段落的逻辑关系、层次序号使用、语言的表述、概念的界定，小至标点符号使用、注释的规范标注，周老师都提出了许多中肯、权威的意见，让我十分受益，从周老师的修改中我学到了不少新的知识。可以说，本书的多次修改过程，是我对某些学术问题认识不断深化的过程，也是我的文字表达质量逐步提高的过程。谢谢周老师为本书的出版付出的大量心血！借此机会，我还要真诚感谢人民出版社！感谢在各编审环节为本书出版付出心血的领导和老师！

在本书写作中，我学习参考了不少专家、学者的相关研究成果，这些成果使我在研究过程中受到很多启发，也给我的写作提供了许多有益的帮助。在这里我向这些专家、学者一并表示衷心的感谢！

在本书的写作中，还有我的几位研究生参与了相关工作。2018级研究生夏佳敏、罗瑶、周昕芃、吴婷等同学，参与了调研、资料收集整理以及部分章节的初稿写作，已毕业的研究生、现为南昌师范学院教师的陈立承担了第三章的写作，对各位同学的付出表示感谢！

刘智勇

2021 年 12 月